化学工业出版社"十四五"普通高等教育本科规划教材

郑 震 郭晓霞 主编

高分子科学实验

第2版

GAOFENZI

KEXUE

SHIYAN

化学工业出版社

·北京·

内容简介

《高分子科学实验》(第2版)共分三篇,第一篇为高分子实验基础知识,包括绪论、高分子科学实验安全常识、高分子合成实验的预准备以及高分子实验的结果分析;第二篇为高分子基础实验,由高分子合成实验、高分子计算实验、高分子物理分析实验、高分子材料实验构成;第三篇为高分子综合实验,包括高分子成型实验和功能高分子综合实验,要求学生根据教学要求查阅资料,独立组织实验和自行设计实验。全书共53个实验,通过基础实验到综合实验两个层次的训练,培养学生的动手及创新能力。

本书可作为化学类、材料类专业的高分子科学实验教材,也可供相关专业人员参考。

图书在版编目(CIP)数据

高分子科学实验/郑震,郭晓霞主编 .—2 版 .—
北京:化学工业出版社,2024.2
ISBN 978-7-122-45020-3

Ⅰ.①高… Ⅱ.①郑…②郭… Ⅲ.①高分子化学-
化学实验-高等学校-教材 Ⅳ.①O63-33

中国国家版本馆 CIP 数据核字(2024)第 023638 号

责任编辑:汪 靓 宋林青　　装帧设计:史利平
责任校对:刘曦阳

出版发行:化学工业出版社
　　　　　(北京市东城区青年湖南街 13 号　邮政编码 100011)
印　　装:大厂聚鑫印刷有限责任公司
787mm×1092mm　1/16　印张 12¼　字数 308 千字
2024 年 4 月北京第 2 版第 1 次印刷

购书咨询:010-64518888　　售后服务:010-64518899
网　　址:http://www.cip.com.cn
凡购买本书,如有缺损质量问题,本社销售中心负责调换。

定　　价:35.00 元　　　　　　版权所有　违者必究

前　言

　　高分子是一门理论与实验结合紧密的科学，在其发展进程中，高分子实验对高分子化学、高分子物理和高分子材料的理论发展起到了极大的推动作用。因此，对高分子专业本科生进行高分子科学实验的训练十分必要，这将有助于加深学生们对高分子基础理论课程中基本概念、原理和实验方法的理解，培养和提高学生们的基本实验技能，提高其对高分子科学的兴趣，为今后进行毕业设计和以后的科研工作打好基础。

　　本书自 2016 年出版以来，一直用作我校高分子专业及选修综合化学高分子方向的教材。由于相关教学内容先后历经两次教学实践改革，以及课时数的调整，上一版教材已无法满足如今的教学需要。经过教学组的讨论，结合教育部化学“101 计划”对核心实验课程的要求，根据实际上课内容，我们研究确定了本教材的修订思路，在基本保持原有结构框架下，进行修订整合：增设一章“高分子计算实验”，包含六个实验，帮助学生通过分子模拟软件进一步了解高分子的结构变化；在“高分子物理分析实验”中增加“密度梯度管法测定聚合物的密度和结晶度”“小角激光光散射图像仪测定聚合物球晶尺寸”“质谱 MALDI-TOF 的高分子测试”和“动态热机械分析（DMA）研究高分子材料”等实验；对“高分子合成实验”和“高分子材料实验”两章中的部分内容根据实际上课内容作了更新调整；最后，根据新时期对实验教学的要求，更新相对陈旧的内容，并根据修订后的内容增补完善了每一部分的思考题。

　　本书由郑震、郭晓霞主编。其中“高分子合成实验”由郑震修订，“高分子计算实验”由于春阳执笔，“高分子物理分析实验”和“高分子材料实验”由陈燕和李蕾修订，“高分子综合实验”由郑震修订、郭晓霞审定，全书由郑震和郭晓霞统稿。除了本书编者外，上海交通大学化学化工学院测试中心的李勇、姜述芹、李辉、张斌、彭宗林和李琳等老师也参加了编写，上海交通大学教务处、化学化工学院和化学工业出版社对本书的出版给予了支持与关心，在此一并表示感谢。

　　由于编者水平有限，书中难免有疏漏之处，欢迎读者批评指正。

编者

2023 年 10 月于上海交通大学

第1版前言

　　高分子科学是一门理论与实验结合紧密的学科，高分子实验对高分子化学、高分子物理和高分子材料的理论发展起到了极大的推动作用。因此，对高分子专业本科生进行高分子科学实验的训练十分必要，这将有助于加深学生对高分子基础理论课程中基本概念、原理和实验方法的理解，培养和提高同学们的基本实验技能，提高学生对高分子科学的兴趣，为今后进行毕业论文、毕业设计和以后的科研工作打好基础。

　　本书是在原高分子化学实验、高分子物理实验和高分子材料实验三本讲义的基础上，结合编者多年的实验教学经验编写而成的，并参考了国内兄弟院校的教材。本书是上海交通大学化学化工学院"高分子科学实验"的选用教材，根据教学大纲的要求，本书的第三篇"高分子综合实验"为拓展训练，要求学生根据教学要求独自查阅资料，提高独立组织实验和自行设计实验的综合能力。

　　在本书的编写中，郑震主要负责收集、整理和必要的修改工作，并结合近年本校高分子专业实际的教学内容，第一篇由郑震编写，在高分子合成实验部分对原编写者蒋序林、王晓瑞和黄瑞芳的讲义进行修改和补充，在高分子物理分析和高分子材料实验部分以原编写者李勇的教材为蓝本重新整理，其中实验31、实验32、实验33由刘飞老师帮助修改；高分子综合实验部分由姜学松、王仕峰、李磊、黄兴溢、李蕾、史子兴和孙国明等老师协助完成。郑震和郭晓霞对全书进行了最后统稿和定稿，校对工作由研究生黎朝同学协助完成。感谢本课程的历任教师为之所做的贡献！从始至终，本书的编写工作得到了上海交通大学教务处、化学化工学院钱雪峰院长、赵红等老师的大力支持，在此深表感谢！

　　由于编者水平所限，书中的疏漏之处在所难免，恳请大家批评指正。

编者

2015 年 11 月

目 录

第一篇　高分子实验基础知识

第二篇　高分子基础实验

第三篇　高分子综合实验

附　录

第一篇 高分子实验基础知识

第1章 绪 论

1.1 高分子科学实验的内容及目的

高分子是一门理论和实验结合得非常紧密的自然科学，高分子理论的发展离不开实验的验证和支持；同样，其实验的设计也离不开理论的指导。高分子科学实验作为高校高分子专业学生必修的一门专业实验课程，以及基础化学专业学生可选修的一门重要实践课程，包含了开展高分子研究的科研人员必须掌握的专业知识。为切实做好基础学科专业人才的培养，贯彻执行新时期高等教育对现代化人才的综合要求，本书将高分子实验内容加以增补和更新，以适应新的形势和需求。经整合后的高分子科学实验分成两大模块：高分子基础实验和高分子综合实验。高分子基础实验分成四部分内容：高分子合成实验、高分子计算实验、高分子物理分析实验和高分子材料实验；高分子综合实验则从高分子专业的应用需求出发，从高分子成型实验和功能高分子综合实验加以展开。

对于高分子基础实验，希望学生能通过全面、系统的学习，达到以下几个目的：

（1）通过实验课程更好地理解高分子专业的理论知识，加深对高分子独特性能的了解，增强对高分子研究的兴趣。

（2）通过基础实验与综合实验两个层次的教学，使学生不仅掌握高分子合成和性能的规律，而且初步了解典型高分子的使用性能。

（3）培养学生有针对性地选择高分子合成方法的能力，培养学生系统地表征高分子的结构和性能的能力；培养学生在解决实际问题过程中，选择、设计和改性高分子材料的能力。

对于高分子综合实验，希望学生与教师通过师生互选，进入真正的科研活动中，增强对高分子专业的了解，加深对高分子材料的兴趣。

1.2 高分子实验课程要求

高分子科学实验是一门独立的课程，具有自然科学的特征，它要求实验者以实事求是的态度对待实验中的每个环节，具体来说在下面三个阶段分别有不同的要求。

1.2.1 预习阶段

实验预习与否直接会影响实验的效果，在实验开始前，应对实验课本及有关的操作流程做认真的预习，并提交完整的预习报告。预习报告具体内容包括实验目的、基本原理、可能用到的试剂和仪器、所用化学品的性质及配制方法、操作步骤和关键点、预习中有疑问的地方。在实验前，预习报告须经老师检查，每次预习报告记录在一个实验本上，备查。

预习报告的书写可简明扼要，操作步骤根据实验内容，用图框、箭头或表格的形式表达，允许使用化学符号简化文字，并留出适当的地方画实验装置和记录实验现象。

1.2.2 实验阶段

高分子科学实验要求实验者了解实验的目的，熟悉实验流程，认真完成实验的各个环节，同时做好实验记录。

实验记录是实验工作的第一手资料，是写实验报告的基本依据。建议记在预习报告相应的地方，要求简明扼要，主要包括日期、温度、湿度、实验内容、原料的规格及用量、简单的操作步骤、详细的实验现象及数据。特别是实验中的特殊情况、出现的时间及可能的原因。记录要求完全、准确、整洁，尽可能表格化，不要将数据记在其他地方。

实验结束后，原始记录必须经老师检查签字后方可离开。

1.2.3 报告总结阶段

实验结束后，需尽快整理实验数据和记录，并撰写出实验报告。实验报告单独用报告纸。

实验报告的内容包括实验题目、实验人员、日期、简要的实验目的和原理、实际进行的操作步骤和实验现象（包括实验时间等）、结果讨论、思考题的回答及建议。多人合作的实验应单独撰写实验报告，根据实验现象，独立分析实验结果及讨论。

1.3 高分子实验中需要注意的地方

高分子科学实验的每个单独实验一般都经过多人多次的重复操作验证，对其结果有一定的预见性，但是，既然是实验就可能出现意外情况，此时，需要实验者头脑冷静地处理突发情况，在老师的指导下，采取有效的措施，终止实验或有条件地继续实验，并做好详细的实验记录，待实验结束后，正确进行实验分析和总结。

高分子合成实验中，首先要熟悉实验装置的搭建。聚合反应装置通常分为加热单元、控温单元和反应单元。加热单元应根据聚合反应的温度来选择，一般采用封闭电炉，结合水浴或油浴来实现。学生实验中，从安全的角度考虑，可选用水浴加热。但要注意的是，水浴容易形成水蒸气，除了带走大量的热量，不易保持高温的稳定；还容易混入反应瓶中，造成实验误差。此外，油的比热容远小于水的比热容，分别约为 $2000J \cdot kg^{-1} \cdot K^{-1}$ 和 $4200J \cdot kg^{-1} \cdot K^{-1}$，故升高同样的温度，水需要的热能比油多出约一倍；在实验

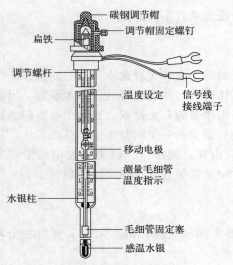

碳钢调节帽
调节帽固定螺钉
扁铁
调节螺杆
温度设定
信号线接线端子
移动电极
测量毛细管温度指示
水银柱
毛细管固定塞
感温水银

图 1.1　电接点水银温度计的结构

时，就会出现用水浴比油浴加热要慢很多的现象，需要同学提前做好准备。上课时，为方便同学操作，也可采用电加热套加热。但是，加热套加热易出现反应瓶局部受热不均的情况，因此，应在加热套下添加升降台，方便及时调整加热套的位置高度，从而可以较容易地控制反应瓶的受热情况。此外，控温单元常见的有感温探头或电接点水银温度计，外接电子继电器控温。感温探头使用较方便，但需要定期校准；而电接点水银温度计是实验室中较早使用的仪器，需要手动接线。图 1.1 是电接点水银温度计的结构图，图中两个信号线分别接到电子继电器或恒温磁力搅拌器的输入控制端。

　　控温单元连接好以后，一般不用每次实验后都进行拆卸。每次实验前，加热单元和反应单元需要搭建。实验装置的搭建要遵守"从下至上、从左至右"的规律，拆卸时则遵循相反的原则，即"从右往左、从上往下"。实验装置的搭建是高分子合成实验的基本技能，以合理布置且不妨碍实验过程的后续操作为宜。

　　其次，高分子合成实验的过程中，需要随时观察实验现象并记录。实际加料量、反应时间、反应温度和物料的黏度变化均是最常见的实验参数。反应结束后，还需注意及时清洗反应瓶，这是由于高分子物质的溶解特性是溶解缓慢和复杂，因此盛放和接触过高分子产品的仪器往往比较难洗、费时，搁置过久则更加难洗，因而一定要养成仪器用完及时清洗的好习惯。

　　高分子物理和材料实验中除了使用实验试剂外，更多的是接触各种实验设备。在这些放置仪器设备的场所做实验，需要事前做好个人防护工作，例如要戴防护眼镜；要穿好实验服，身上衣物不要出现线头、保证纽扣齐全，防止衣物卷入设备中；穿长裤，不要穿凉鞋、拖鞋。要留心防火通道，也要注意排气通风装置是否运行正常；同时，还要注意用电安全，严格遵守实验章程，注意设备紧急停用装置的使用。

第2章 高分子科学实验安全常识

2.1 实验室一般安全守则

实验室的一般安全守则如下所示。

（1）实验室内禁止进行与实验无关的其他任何活动

实验室是专门进行科研活动的场所，进入后，禁止大声喧哗和讨论与实验无关的内容；严禁在室内吃食物和饮料；禁止同学玩包括手机在内的各种电子设备；要求穿戴整齐的实验服，有条件的要佩戴防护眼镜，夏天禁止穿露脚趾的鞋子，留长发的同学要扎起来，防止头发滑落。

（2）实验工作的危险性

高分子实验一般都会涉及水、电，有时还会用到燃气，操作不当会影响实验的正常进行，甚至会对人体造成伤害。实验开始前，老师有责任告知学生正确的操作方法，学生之间也应相互提醒，避免发生错误的操作。一旦发生漏水、漏电和漏气的情况，第一时间要关闭室内的水、电和气的总开关。

发生失火的情况，应迅速评估火势，可控的情况下，立即采用正确的灭火器灭火；若火势不可控，则要迅速组织同学撤离大楼；必须关上实验室大门，延缓火势蔓延，并在第一时间拨打报警电话。

（3）实验工作的精确性

高分子实验是一项精确性较高的科研工作，要求实验人员养成良好的操作习惯，保持实验台的整洁，严格按要求称取、转移和配制实验药品，做到设计实验的准确性和重复性，减少人为的误差。

实验完毕，及时清洗仪器，收拾台面，检查记录，并关好水电煤气和门窗。

2.2 实验试剂的安全使用

高分子实验中用到的一切药品和试剂都必须贴有标签，注明名称和规格。使用时，务必看清试剂瓶（袋）的标签。

高分子合成实验中用到的大多数单体和溶剂都有毒性，大多数聚合物虽然无毒，但是它们的分解产物常常毒性很强。有机溶剂是脂溶性的，对皮肤和皮下组织有很强的刺激作用，如常用的芳香类试剂不仅会引起湿疹，还会在人体内积累，对神经系统产生极大的危害。

甲醇对人体视神经特别有害。所以，在实验室中使用药品要特别小心，实验前要了解所用试剂的性能和毒性，掌握使用注意事项。

此外，大多数有机试剂易燃，所以，高分子实验室不能出现明火，使用后的试剂要盖好。对于有些沸点或闪点低的试剂，即使没有明火，若遇到高温和快速摇晃，也会出现爆燃。此时，要冷静地采取正确的方法灭火。另外，高分子中的很多试剂，如过氧化物引发剂一般需要放在低温的冰柜中冷藏，处理和使用时也要特别小心，防止撞击；干燥时需要采用真空烘箱，尽量选择低温。

2.3　仪器设备的安全使用

高分子合成一般都会用到聚合反应装置、恒温装置和真空装置。每种装置都有各自的使用注意事项。实验前，同学们需要了解每一项操作流程，实验中勤思考勤练习。任何忽视或违反操作规范的行为，除了会导致实验数据的不可靠性外，还可能对自身或他人的人身造成伤害。

聚合反应装置是高分子合成的典型装置，通常包括三颈或四颈反应瓶、搅拌器、温度计等。一般高分子合成反应是在常压下进行的，实验室中常用的反应器是玻璃仪器，其特点在于一方面可以较好地观察实验中的各种反应现象；另一方面，反应结束后可以进行较好地清洗。还有一些反应如乙烯的聚合等，需要高压高温的条件，此时，应对反应器的耐压情况做详细的考察，防止出现裂缝暴液后伤人，常用的反应器有不锈钢或陶瓷仪器。另外，高分子合成中常用不锈钢或四氟乙烯制成的搅拌器，搅拌方式有机械搅拌和磁力搅拌两种，前者常用于黏度较大的体系，后者常用于需要惰性气体保护的体系。在高速搅拌的情况下，机械搅拌杆需要固定好，避免飞出伤人。至于温度计的使用，除了防止反应环境超过温度计的量程，还要注意水银温度计破碎后，尽量消除汞蒸气的毒害。

聚合反应温度要求可以准确控制，一般会高于常温，有时也会在低温下进行。高温实验，实验者不能离开实验台，需随时注意反应器内的现象，及时采取相应的措施。实验室内反应器的加热，通常采用水浴、油浴和加热套。反应温度 90℃ 以下时可采用水浴加热；温度在 80～250℃ 之间时可用油浴，油浴所能达到的最高温度取决于介质油的种类。实验室常用甲基硅油和苯基硅油，使用时若加入 1% 的对苯二酚，可增加介质在受热时的稳定性。甲基硅油通常在较低的温度，如 150℃ 下长期使用；苯基硅油可在 200℃ 附近长期使用，超过250℃ 建议使用沙浴或加热套。在实验过程中，要注意防止烫伤，防止试剂过热飞溅到人的脸、手等部位。低温实验时，实验者要佩戴手套，防止冻伤。

需要低压或真空环境的时候，真空泵的使用必不可少。了解真空装置的正确使用事项，可以让设备处于良好运行，在实验时能提供较高的真空度，有利于实验顺利进行。

高分子物理实验和材料试验中，不可避免地会用到各种仪器设备，会给操作者带来许多不安全的因素，因此，操作人员必须严格遵守如下安全操作规程，避免发生人身及设备事故。

（1）实验室的所有设备、仪器未经允许不得随意启动；

（2）实验前必须对所用设备的性能及各部件作用充分了解；

（3）在高温下操作实验时须戴好防护手套，以免烫伤、夹伤；

（4）操作时注意力要高度集中，不要做与实验无关的事；

（5）实验结束应按要求及时关闭水、电等。

第3章 高分子合成实验的预准备

3.1 试剂纯化和仪器的洗涤与干燥

高分子实验应尽量排除或减少杂质的干扰。在以前的基础化学实验中，已经介绍了试剂和仪器清洁的必要性及其方法。

在高分子合成实验中，所用的试剂如单体、引发剂、溶剂等都要进行相应的纯化处理，单体和引发剂的提纯将在3.3中详细介绍。至于其他试剂，如溶剂，往往需要进行脱水处理，常用的方法是在试剂中加一定量的分子筛，一般经过一周左右的浸泡后，能满足实验的要求。当然，这种方法只适用于极少量的水存在或混入的情况，更多的水分杂质要采用有机化学中减压蒸馏等方法进行纯化。

高分子的溶解是一个缓慢而复杂的过程，因此，反应器和接触过高分子产品的仪器往往难以清洗，选择正确的清洗方法很重要；同时，搁置时间过久则更加难洗，所以，实验结束后要养成及时清洗仪器的好习惯。清洗仪器的原则是尽量除尽或破坏高分子，一般选择聚合物的溶剂洗涤。采用少量多次法，每次用少量溶剂，非磨口玻璃仪器可采用毛刷和去污粉擦洗。对于用一般酸碱难以除尽的残留物，或污染面不易触及的玻璃仪器（如加液漏斗、容量瓶），洗液是相当有效的清洗剂。对于更难除尽的交联型高分子，可以选择在碱液中煮沸一段时间，或者在乙醇/氢氧化钠的醇钠溶液中浸泡长时间后，取出立刻用清水冲洗。无论哪种方法，注意不要将化学试剂倒入水槽中，仪器用洗液洗后先用大量水冲洗，再用蒸馏水荡洗。洗净后的仪器一般在烘箱中加热烘干，急用的仪器也可加少量乙醇或丙酮荡洗，用电吹风来回吹热风烘干。

3.2 实验仪器的正确使用

实验仪器的正确使用需注意以下几点。

（1）聚合反应装置

高分子的聚合反应一般需要在有搅拌、回流和通保护气体的条件下进行，有时还有测温、加料和取样装置。高分子合成实验室中常用的是三颈瓶或四颈瓶、搅拌器、回流冷凝管、温度计等组成的反应装置。

高分子反应体系可针对不同的特点，选择不同的搅拌器：机械搅拌器或磁力搅拌器，目的都是使反应各组分充分混合均匀和避免出现局部过热现象。在反应物较少时，磁力搅拌是适当的选择，可以更容易在封闭体系下反应，避免空气中的水分或氧气进入反应器干扰反应。当反应物用量较多或体系黏度较大时，磁力搅拌的效果不明显，这时需要采取机械搅拌的方式，搅拌杆的材质分为玻璃棒、四氟乙烯棒和不锈钢棒，搅拌棒不能与反应体系中的任何组分反应。机械搅拌特别要注意的是在搅拌棒和三颈瓶接口处的搅拌套管之间可能出现漏气现象，通过四氟乙烯带缠绕或真空油脂涂覆均可达到较好的密封效果。

安装反应装置时，应遵循从下至上、从左至右的搭配原则。各个仪器的位置应合理分配空间，以方便操作为佳。在加热装置的下方可放置适当大小的升降台，方便控制反应器的温度。搅拌棒在反应器中应处在灵活转动状态，在反应液中的深度适中，避免搅拌后液体飞溅，人为造成反应不均匀。

（2）聚合反应条件的控制

聚合反应温度、反应时间和加料量都是影响聚合反应的重要因素。聚合反应体系的反应时间往往需要通过跟踪反应体系的聚合度或反应程度来确定。这个过程可通过定时取样后准确表征聚合物的生成量来确定。加料量需要根据反应物形态来准确取样。固体要避免沾染到取样器或反应器的入口处，而导致已加料但未反应的情况发生。液体的加料如通过滴液漏斗进行，要注意漏斗里是否有残留。

聚合反应温度由加热恒温装置决定。首先，加热介质应根据反应的温度选择，如水浴的温度不要超过90℃，反应温度在80℃以下为宜，随反应时间的延长要注意补水；油浴常用甲基硅油或苯基硅油，前者的反应温度不能超过200℃，长时间使用温度控制在150℃以下；后者的反应温度可高一些，可在200℃长期使用。无论哪种介质，发生变质、变色等情况都要及时更换。电加热套适用于温度更高的反应，但温度误差范围较大，特点是方便、安全。其次，实验室中的控温装置需要自行搭建，通常由温度计、变压器和电子继电器等组成。可在反应瓶中插入一根温度计，随时记录反应瓶内部的温度，接口宜采用温度计套管，温度计的位置需在加料前调试好，避免搅拌杆碰到温度计，出现实验事故。当然，采用感温探头装置也是一个较好的选择。

另外，聚合反应体系还常常需要通入惰性气体，如高纯氮气等。使用时，实验者要注意开关顺序、气压表的读数和避免反应体系出现密封状态等情况。

3.3 引发剂和单体的提纯

在高分子合成实验中，常用的引发剂通常为固体，故可用重结晶的方法精制。由于引发剂受热易分解，溶解和沉淀要在较低的温度下进行，加热时操作要迅速，并特别注意安全。另一方面，单体中的杂质一般来自以下三个方面：①单体的制备反应过程中产生的副产物，实验室中的单体多为试剂级，故这部分杂质几乎可以不考虑；②为防止烯类单体在运输和贮存过程中发生聚合而人为地加入少量的阻聚剂（稳定剂），使用前必须除去；③在单体存放和转移过程中引入的杂质及单体存放和转移过程中自身氧化、分解或聚合的产物。不同单体的精制方法是不同的，例如，固体单体多采用重结晶或升华的方法；非水溶性烯类单体中除去阻聚剂用稀碱（或稀酸）洗涤，再用蒸馏水反复洗涤、干燥、减压蒸馏。可热聚合的单体要特别注意蒸馏时的温度等。

一般地，实验室中常用的引发剂（BPO、AIBN 和过硫酸铵）和单体（MMA、St 和 VAc）的提纯见下面的详细介绍，提纯后的单体或引发剂需要低温保存，使用前取出；取用后，应及时盖好盖子放回到冰柜中。有时，也采用反口橡胶塞封口，用注射针取液后，室温快干硅胶密封针孔，以防止在取液过程中混入空气，避免氧气、水汽等对聚合反应的干扰。

（1）甲基丙烯酸甲酯（MMA）的提纯

甲基丙烯酸甲酯是无色透明液体，沸点 100.3～100.6℃，密度 $\rho = 0.937 \text{g} \cdot \text{cm}^{-3}$，折射率 $n = 1.4138$，易溶于多数有机溶剂，几乎不溶于水。市售产品常含有阻聚剂对苯二酚，其提纯方法如下所示。

取 100mL MMA 于分液漏斗中，用 5% NaOH 水溶液反复洗至无色（每次用量 20mL），再用去离子水洗至中性，用无水硫酸钠干燥后，进行减压蒸馏，收集 46℃/100mmHg 的馏分，测其折射率。

MMA 沸点和压力的关系如下：

沸点/℃	10	20	30	40	50	60	70	80	90	100.6
压力/mmHg	24	35	53	81	124	189	279	397	547	760

（2）苯乙烯（St）的提纯

苯乙烯是无色或浅黄色透明液体，沸点 145.2℃，密度 $\rho = 0.906 \text{g} \cdot \text{cm}^{-3}$，折射率 $n = 1.5469$，不溶于水，溶于乙醇和乙醚。市售产品常含有稳定剂对叔丁基邻苯二酚，其提纯方法如下所示。

取 60mL 苯乙烯于分液漏斗中，用 5% NaOH 水溶液反复洗至无色或略带浅黄色（每次用量 20mL），再用去离子水洗涤至中性，用无水硫酸钠干燥后，进行减压蒸馏，收集 44～45℃/20mmHg 或 58～59℃/40mmHg 的馏分，测其折射率。产物放于冰箱中密封保存密封备用。

苯乙烯沸点和压力的关系如下：

沸点/℃	18	30.8	44.6	59.8	69.5	82.1	101.4	122.6	145.2
压力/mmHg	5	10	20	40	60	100	200	400	760

（3）乙酸乙烯酯（VAc）的提纯

乙酸乙烯酯为无色透明液体，沸点 72～73℃，密度 $\rho = 0.9312 \text{g} \cdot \text{cm}^{-3}$，折射率 $n = 1.3958$。微溶于水，溶于大多数有机溶剂，市售产品中常加有阻聚剂对苯二酚，且含有少量的水、酸等杂质，其提纯方法如下所示。

取 150mL VAc 于分液漏斗中，加入 30mL 饱和 $NaHSO_3$ 溶液洗三次，用 50mL 去离子水洗一次，用 30mL 饱和碳酸钠溶液洗两次，去离子水洗至中性，用无水硫酸钠干燥后，进行减压蒸馏，收集 47℃/300mmHg 的馏分，测其折射率。

VAc 沸点和压力的关系如下：

沸点/℃	−18	9	47	72.5
压力/mmHg	10	50	300	760

（4）四氢呋喃（THF）的提纯

四氢呋喃为无色透明液体，有类似醚的气味，沸点66℃，密度 $\rho=0.8892\text{g}\cdot\text{cm}^{-3}$，折射率 $n=1.4040$，溶于水、乙醇、乙醚、丙酮、苯等多数有机溶剂。THF本身也是一种常用的有机溶剂，常用于树脂的溶解。四氢呋喃易吸水，市售的四氢呋喃中，除含有水外，还含有为了防止自氧化作用而加入的各种抗氧剂，其精制方法如下所示。

取200mL四氢呋喃与四氢铝锂一起回流，并在四氢铝锂的存在下常压蒸馏，回流和蒸馏应在氮气气氛下进行。

（5）丙烯酰胺（AAm）的提纯

丙烯酰胺为白色结晶固体，无气味，熔点82~86℃，沸点125℃，密度 $\rho=1.3320\text{g}\cdot\text{cm}^{-3}$。可溶于水、乙醇、乙醚、丙酮及多种有机溶剂，不溶于苯。工业上丙烯酰胺一般通过丙烯腈的催化水合制得，市售的丙烯酰胺中会有阻聚剂、水及生产过程中带来的丙烯酸、金属杂质等，实验室中一般采用重结晶的方法精制丙烯酰胺。

将50g丙烯酰胺加入150mL氯仿中，加热回流溶解后降温使丙烯酰胺结晶，抽滤，得到的固体重复上述操作2次，固体在40℃真空干燥过夜，得到精制的丙烯酰胺。

（6）N-异丙基丙烯酰胺（NIPAAm）的提纯

N-异丙基丙烯酰胺为白色结晶固体，熔点60~63℃，沸点89~92℃。可溶于水和多种有机溶剂。市售产品中常加有阻聚剂，还含有少量的水等杂质。一般用重结晶的方法对NIPAAm进行精制：

将50g NIPAAm加入80mL甲苯中，60℃下使其溶解，而后加入约200mL正己烷，冷却重结晶，抽滤得到结晶固体，重复上述操作2次，得到的固体40℃真空干燥过夜，得到精制的NIPAAm。

（7）过氧化苯甲酰（BPO）的提纯

BPO用于本体聚合和溶液聚合时必须提纯，但用于悬浮聚合时可直接使用。

提纯步骤：室温下在100mL烧杯中加入10g BPO和40mL三氯甲烷，搅拌溶解制成饱和溶液，加入少量无水碳酸钠脱水后过滤，其滤液直接滴入100mL甲醇中，将白色针状结晶用布氏漏斗抽滤。用冰冷的甲醇洗净抽干，必要时可重复结晶一次（需要特别注意的是重结晶时氯仿、甲醇用量要相对减少）。产品自然晾干后室温下真空干燥、称重，避光避潮保存。

（8）偶氮二异丁腈（AIBN）的提纯

在装有回流冷凝管的150mL梨形瓶中加入50mL乙醇（95%）于水浴上加热至接近沸腾，迅速加入5g AIBN，摇荡使其全部溶解（时间长，分解严重），将热溶液迅速抽滤（过滤，所用漏斗和抽滤瓶必须预热），滤液冷却后得白色结晶，用布氏漏斗抽滤，室温下真空干燥、称重，避光避潮保存。

（9）过硫酸铵的提纯

过硫酸铵中的主要杂质是硫酸氢铵和硫酸铵，可用少量的水反复重结晶。

将过硫酸铵在40℃溶解过滤，滤液用冰水冷却，过滤出结晶，连续用冰冷水洗涤，用 $BaCl_2$ 溶液检验无 SO_4^{2-} 为止。将白色柱状或板状结晶置于真空干燥器中干燥即成。

第4章 高分子实验的结果分析

4.1 聚合反应程度的确定

高分子聚合反应体系中的组分往往随时间发生很大变化。要了解一个聚合反应的进行情况，需要在反应一段时间后，测定反应体系中单体的反应程度或转化率，这属于高分子反应动力学的研究范畴。实验中常用的研究方法有仪器分析法、化学分析法、黏度法、折射率法、膨胀计法和称重法等多种。

① 仪器分析法　最常用的是凝胶渗透色谱法（GPC），主要检测聚合物的分子量变化情况；还有核磁共振法（NMR）和气相色谱法，后者适用于多组分的共聚合体系；此外，红外光谱法也可作为辅助手段，测定产物分子链中特征官能团浓度的变化。

② 化学分析法　采用常用的滴定法测定反应体系中残留的官能团数目，据此，在缩聚反应中可同时测得反应程度和数均聚合度。例如在聚氨酯的反应中，异氰酸酯的浓度就可以通过滴定测得。

③ 黏度法　该方法是利用在一定温度下，黏度与聚合物的浓度和分子量有很大的关系。聚合体系黏度的增加反映了转化率的增加，自由基本体聚合和缩聚反应中常见相对黏度法控制反应过程，但要掌握黏度和转化率之间的定量关系，还需要与由其他方法获得的校正曲线作对照。

④ 折射率法　运用测定折射率来跟踪聚合反应是一种简单而又快速的方法，它的原理是聚合物与单体的链结构不同，且高分子还存在凝聚态结构，从而在宏观上表现出不同的折射率。测定聚合物-单体混合体系的折射率，根据一定的换算关系，可获得单体转化率数据。

在高分子研究的早期，因实验条件的限制，经常采用称重法和膨胀计法。简单来说，称重法是称量反应生成的聚合物；而膨胀计法是根据烯类单体聚合后的体积与转化率存在一定的对应关系，测定聚合反应过程中的体积变化。这两种方法因影响测试结果的因素较多，已很少使用。

4.2　聚合产物的纯化

高分子聚合反应结束后，首先面临的问题是如何有效地纯化聚合产物。聚合物纯化前，需要先从反应体系中分离。对本身能从反应混合物中沉淀出来的聚合物，可直接进行过滤和离心分离。如果聚合物溶于反应混合物中，则多用沉淀剂先使聚合物沉淀出来，再进行过滤和干燥。理想的沉淀剂既能使聚合物完全沉淀，又能与单体、溶剂、各种添加剂及反应副产物互溶。沉淀剂沸点较低为宜，这样便于后期从聚合物中除去。沉淀剂的用量为反应混合物的 4～10 倍，沉淀时一般加良好的磁力搅拌。采用多次沉淀法可获得更为满意的结果。

分离得到的聚合物可以进一步纯化，通常采用的方法有洗涤、萃取、重沉淀和冷冻干燥等。要进行干燥首先要将聚合物样品弄碎，应在沉淀分离时尽量使其呈粉末状，松散且不缠结。聚合物多在真空烘箱中进行中低温干燥，干燥温度一般不超过 50℃。做样品结构分析时，注意避免在干燥过程中引入二次杂质如空气中的灰尘、烘箱中的杂质气体，以免污染样品。

4.3　聚合产物的结构表征

高分子合成的聚合物，首先要进行结构表征如各种分子量的测定、纯度和官能团的测定等。若合成出一种新的聚合物，还应先检测其在各种试剂中的溶解特性。

分子量是高分子区别于小分子最本质的结构特征，也是最基本的结构参数之一。聚合物分子量的测定有绝对法和相对法两大类，常见的光散射法、膜渗透压法、离心法和端基分析法都属于绝对法；而黏度法、气相渗透法（VPO）及凝胶渗透色谱都属于相对法，该法需要采用已知分子量的物质作为参比，来确定未知聚合物的分子量。值得注意的是，各种方法测得的聚合物分子量因其测定原理的不同分别得到不同类型的分子量，如端基滴定法测得的是数均分子量；光散射法测得是重均分子量；GPC 法主要是测得数均和重均分子量，而黏度法测得是黏均分子量。

除了分子量的测定外，还需要对合成的聚合物进行成分和结构表征。可根据反应原理，先利用红外光谱（FTIR）初步分析官能团的变化；还可以通过元素分析来确定其大致的组成；结合紫外光谱、核磁（NMR）及气相色谱-质谱联用（GC-MS）等技术手段分析其详细的链结构；利用原子力显微镜（AFM）、扫描电子显微镜（SEM）和透射电子显微镜（TEM）分析其微观结构；利用差示扫描量热法（DSC）和 X 射线衍射（XRD）测量聚合物的结晶行为。

4.4 聚合产物的性能表征

高分子的性能表征主要涉及聚合物的热稳定性能以及成型后的力学性能、光学性能和电学性能。目前，已经可以采用不同的技术手段，对聚合物的这些性能进行很好的表征。

聚合物在受热过程中通常会产生两类变化：①物理变化：软化、熔融；②化学变化：交联、降解和分解等。表征这些变化的温度参数是：玻璃化温度（T_g）、熔融温度（T_m）和热分解温度（T_d），更宏观的还有塑料的热变形温度等。聚合物的玻璃化温度、结晶温度受其分子的链结构影响很大，常用差示扫描量热法（DSC）测得；而热降解温度常用热重分析法（TGA）测得。需要注意的是，新合成的聚合物要先测 TGA，确定热降解温度后，再测 DSC，以免在降解过程中产生挥发，污染 DSC 仪器。

高分子的力学行为主要指拉伸性能、弯曲性能和抗冲击性能，部分材料还要考察其压缩性能和蠕变性能等。高分子的性能与其成型方式也有很大的关系，在实验室中，常见的成型方式有浇铸成膜、热压成膜、挤出成型和注射成型等。由于聚合物材料的力学性能千差万别，故无论哪种成型方式，要正确检测其力学性能都要根据高分子的特性，选择适当的测试标准。例如，在拉伸性能测试中，塑料常用的拉伸速度一般较低，不高于 $10mm \cdot min^{-1}$；而弹性体的拉伸速度较高，通常为 $200 \sim 500mm \cdot min^{-1}$。即使同一种材料，采用不同的标准检测，由于测试方法和样品尺寸等不同，测得的数据也是完全不同的。如对橡胶而言，对于拉伸强度和拉断伸长率，用小试样试验的结果，通常比用大试样试验稍高些。

另外，聚合物的光学性能主要指材料的透光率和吸光性能，主要采用紫外-可见分光光度法（ultraviolet-visible spectroscopy，UV-Vis）测量。

绝大多数的聚合物都是优良的绝缘体，在电工电子器件中有很广的用途。常用介电常数来评价聚合物电学和物理性能，测试方法如下：采用 Agilent LCR 表/阻抗分析仪和 Agilent 6451B 介电测试仪测试介电常数 ε 和损耗角正切 $\tan\delta$。聚合物镀上电极后，采用接触电极法从等效并联电容-损耗因素（C-D）测量结果求出介电常数。此外，聚合物的压电效应（聚偏氟乙烯的铁电性）也是其电学性能被应用的一个例子。

4.5 高分子的模拟表征

高分子的物理结构、溶液性质和分子运动与重复单元小分子既有某种相似，又因为重复单元在数量上变化很大，在表现上有很大不同。除了上述表征手段以外，使用分子模拟手段可以更好地认识这些高分子独特的结构和性质。例如，对不能直接研究或观测的高分子链构象、形态、尺寸等高分子链的远程结构问题进行虚拟仿真；也可使用 Monte Carlo 等方法，对聚合物的分子运动进行计算机模拟。

在第 6 章中，同学们将初步接触分子模拟的方法，包括单一三维高分子链形态的计算机模拟、使用耗散粒子动力学（DPD）方法研究两嵌段聚合物的自组装结构、用分子模拟软件构建聚乙烯分子、全同/间同/无规立构聚丙烯分子并计算末端的直线距离以及计算聚丙烯酸甲酯的构象能量；最后，还可以使用DPD方法研究高分子链穿越纳米孔的过程，以及观察受限状态下嵌段聚合物的自组装结构。这些实验课程训练，将帮助学生了解高分子模拟计算的基本概念，培养初步开展高分子模拟的能力，为未来数字化研究高分子的结构、行为和性能打下基础。

随着大型计算机的应用和大数据的使用，我们相信，高分子实验与人工智能的融合将会在高校的教学中逐步推广。例如"核酸信息材料"就是从生物大分子的描述到生物计算科学的逐步实现。

第二篇 高分子基础实验

第5章 高分子合成实验

实验1 甲基丙烯酸甲酯的本体聚合

【实验目的】

1. 加深理解自由基本体聚合的原理和自由基链式聚合中自动加速效应的特点。
2. 了解不同引发剂用量对聚合反应速度的影响。

【实验原理】

本体聚合是烯类单体在没有任何介质的情况下，仅通过加热或加入少量引发剂而进行的聚合反应，是制备聚合物最简单的方法。

本体聚合的优点是所得聚合物产品纯度高，不需要进行聚合物的纯化后处理；但由于烯类单体的聚合热很大，聚合体系黏度大、传热差，在反应的某一阶段会出现自动加速现象，反应热比较集中。随着反应的进行，体系不断变稠，反应热不易排出，因而易造成局部过热，产品分子量分布变宽，颜色变黄，从而聚合物的性能受到影响。严重则引起"爆聚"，导致反应失败。因而在本体聚合中严格控制不同反应阶段的反应温度、及时排出聚合热是很重要的。

PMMA 的本体聚合流程为

$$\left.\begin{array}{l}\text{MMA}\\\text{引发剂}\end{array}\right\} \Longrightarrow \begin{array}{c}\text{预聚合}\\\text{(聚合物浓度20\%~30\%)}\end{array} \Longrightarrow \begin{array}{c}\text{浇模型逐渐升温聚合}\\\text{(25℃体积收缩率为21\%)}\end{array} \Longrightarrow \text{有机玻璃浇铸制品}$$

PMMA 板材即有机玻璃制作先进行预聚合的优点如下：

(1) 使一部分单体进行聚合，从而减少在模型中聚合时的收缩率；
(2) 缩短模型中聚合的时间；
(3) 减少聚合发生事故的可能；
(4) 由于物料黏稠，从而减少物料自模型中泄漏的危险；
(5) 克服溶解于单体中氧分子的阻聚效应。

当本体聚合反应进行到接近自动加速点时，减缓反应速率，避免自动加速现象的发生。当单体转换率已相当高时，为使聚合反应完全，可在较高的温度下进行。

甲基丙烯酸甲酯的本体聚合的注意事项如下所示：

（1）实验成败在于控温，利用加热余温控制温度，且预聚温度不能过高；

（2）实验结束后，三颈瓶要洗净，用皂粉洗涤多次；

（3）在水浴时尽量少晃动试管，避免引起氧气溶入溶液引发反应；

（4）产品倒入容器要尽量缓慢且沿杯壁。

【实验药品】

甲基丙烯酸甲酯（MMA）、过氧化苯甲酰（BPO）。

【实验仪器】

5mL 试管、250mL 三颈瓶、玻璃空心塞、回流冷凝管、水浴锅、机械搅拌器、搅拌器套管、搅拌桨。

【实验步骤】

1. 单体 MMA 的预聚合

MMA 的预聚装置如图 5.1（a）所示，在 250mL 三颈瓶中先加入质量为单体质量 0.45％的 BPO，然后加入 25mL MMA（相对密度为 0.936），通过继电器（电压为 175V）和水银温度计（温度为 40～45℃）控制温度逐渐升高并利用余热使温度稳定在 70～75℃，之后将电压调至 145V，水浴加热 1.5h。

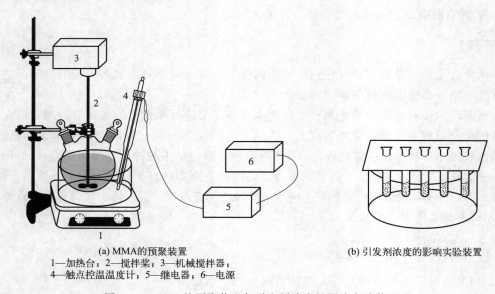

(a) MMA 的预聚装置
1—加热台；2—搅拌桨；3—机械搅拌器；
4—触点控温温度计；5—继电器；6—电源

(b) 引发剂浓度的影响实验装置

图 5.1　MMA 的预聚装置与引发剂浓度的影响实验装置

预聚结束后，将所得黏稠状产品沿杯壁缓慢倒入一次性杯子中，贴标签，加表面皿后放入 50℃烘箱中约 24h；然后 100℃处理 1h。

2. 引发剂用量对反应速率的影响

引发剂浓度的影响实验装置如图 5.1（b）所示，取 5 支 5mL 的干净试管，在每支试管中加引发剂 BPO，其用量分别为单体用量的 0、0.1％、0.45％、1％、3％。然后分别加入

2mL MMA，待引发剂溶解完全后，盖上橡皮塞，静置于65℃的水浴中。观察各管中的黏度变化，并记录。

样品编号	引发剂用量	开始变黏时间	溶液很黏时间	完全不流动时间	现象
1					
2					
3					
4					
5					

注：开始变黏指黏度 η 开始增加；溶液很黏指黏度 η 很大，但仍可流动。

【思考题】

1. 根据试验过程及现象，讨论本体聚合的特点及控制方法。
2. 制有机玻璃时，为什么要进行预聚合？
3. 解释自动加速效应的产生原因，如何控制自动加速现象？
4. 根据实验结果定性说明引发剂浓度对聚合反应速率的影响。
5. 工业上采用本体聚合方法制备有机玻璃板有什么优点？

实验 2　苯乙烯与二乙烯苯的悬浮聚合

【实验目的】

1. 了解悬浮聚合的反应原理及配方中各组分的作用。
2. 通过实验掌握悬浮聚合的实验方法及聚合工艺特点。

【实验原理】

悬浮聚合是指在强烈的机械搅拌下，单体分散为无数小液滴，在悬浮剂作用下悬浮于不相溶的介质中，聚合反应在小液滴内分别进行，其本质上是小单位（液滴）内的本体聚合。由于绝大多数单体只微溶于水或几乎不溶于水，悬浮聚合通常都以水为介质。水为介质连续相，有利于这些微反应器的传热，因此，悬浮聚合体系的温度较容易控制。

均相聚合物粒子的形成可表示如下：

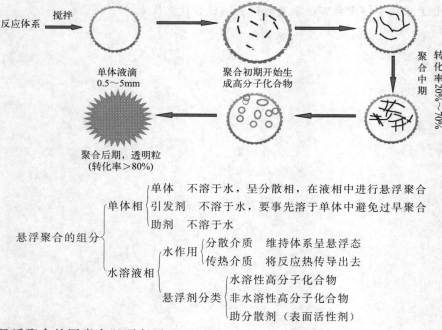

影响悬浮聚合的因素有以下方面。

（1）单体纯度　单体纯度高，聚合反应速度快，反应容易控制，产品质量好。

（2）水油比　水油比大，反应传热效果好，聚合物粒子黏度均一，分子量分布较集中，反应易控制，设备利用率低；水油比小，不利于传热，反应控制困难。对聚苯乙烯树脂，聚合反应的水油比：低温工艺配方 1:（1.4~1.6）；高温工艺配方 1:（2.8~3）。

（3）聚合温度　温度高，引发剂易分解，它的半衰期缩短，聚合速率提高，反应时间短。

（4）聚合时间　指转化率达 80% 以上的聚合时间。

（5）聚合装置　反应釜的大小、结构及搅拌器的形式对悬浮聚合影响很大，悬浮体系是不稳定的。加入悬浮稳定剂可以帮助稳定单体颗粒在介质中的分散，同时，稳定的高速搅拌与悬浮聚合的成功关系极大，搅拌速度还决定着产品聚合物颗粒的大小。一般来说，搅拌速度越高则产品颗粒越细。搅拌速度太慢，则球状不规则，且易发生黏结现象。因此，在聚合过程中，必须维持不间断的搅拌，调整好搅拌速度是制备粒度均匀的珠状聚合物的关键。为避免高分子微粒相碰凝聚在一起，常在介质中加入分散剂（或称悬浮剂）如明胶、羟乙基纤维素、聚乙烯醇、硫酸钡、磷酸钡、钛白粉等。

目前悬浮聚合主要用来生产聚氯乙烯、聚苯乙烯、聚甲基丙烯酸甲酯、聚四氟乙烯及聚乙酸乙烯酯等。聚苯乙烯的合成方法有本体聚合、悬浮聚合、乳液聚合和溶液聚合四种。本实验采用悬浮聚合工艺低温聚合法（$T < 100℃$）来制备聚苯乙烯。所得的聚苯乙烯是分子量分布较宽、透明度较好的珠状颗粒。根据搅拌速度等条件颗粒直径可控制在 0.5～5mm。

本实验是在引发剂存在下，用悬浮聚合法进行的苯乙烯和二乙烯苯的共聚合反应，所得产物为小颗粒，可用作苯乙烯阳（阴）离子交换树脂的母体（称为白粒）。其中二乙烯苯起交联作用，使聚合物具有网状结构。一般将二乙烯苯所占单体混合物的质量百分比称为交联度。

反应式如下：

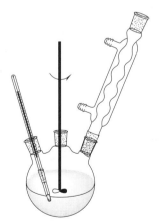

【实验药品】

苯乙烯（除去阻聚剂）20mL、二乙烯苯 3mL、过氧化二苯甲酰（BPO）0.3g、明胶 0.5g、去离子水 100mL、亚甲基蓝水溶液或硫代硫酸钠（0.5%）3～5 滴。

【实验仪器】

搅拌电机、加热套、250mL 三颈瓶、回流冷凝管、温度计（0～100℃）、烧杯、抽滤瓶、布氏漏斗、表面皿、吸管、100mL 量筒、5mL 量筒、水泵。

【实验步骤】

（1）按图 5.2 安装仪器，检查搅拌器运转是否正常。

（2）检查后，在三颈瓶中加入 0.5g 明胶、100mL 去离子水，开动搅拌，升温至 50℃ 左右，使明胶溶解后，加入 3～5 滴亚甲基蓝水溶液，取 20mL 苯乙烯于烧杯中，加入 3mL 二乙烯苯和 0.3g 过氧化二苯甲酰引发剂，搅拌溶解后倒入反应瓶中。控制搅拌速度，使分散的单体液滴呈适当大小，稳定搅拌速度，升温至 70℃ 左右反应 1h，之后再升温至 95℃ 继续反应 2h 左右。

图 5.2 悬浮聚合的
典型实验装置

（3）反应到生成的球体彼此不粘黏，而又比较硬时，停止反应（可用吸管吸取一点球体，放入盛水的烧杯中，观察球体并用手指捏一下，手感变硬即可）。

（4）反应结束后，倒出反应产物，去掉上层液体，再用热水洗涤数次，然后过滤，干燥（50℃下烘干或晾干），称重。

【思考题】

1. 加入单体及引发剂之前，反应温度需降至70℃以下，分析其原因。

2. 哪些是影响聚合产物颗粒大小及其均匀度的主要因素？为什么？

3. 解释实验中各组分的作用。若改为苯乙烯的本体聚合或乳液聚合，需做哪些改动？

4. 悬浮聚合所用分散剂有哪两大类？其作用原理是什么？本实验用的是哪一类？其用量对反应有何影响？

5. 当一种液体与另一种不相容的液体混合并充分搅拌后，液体的什么性质使得其最终形成珠状？

实验 3 乙酸乙烯酯的乳液聚合

【实验目的】

1. 掌握实验室制备聚乙酸乙烯酯乳液的方法。
2. 了解乳液聚合的配方及各组分的作用。
3. 了解此乳液聚合的实际体系与典型的乳液聚合体系的区别。

【实验原理】

单体在水介质中由乳化剂分散成乳液状态进行的聚合称作乳液聚合，其最简单的配方由单体、水、水溶性引发剂、乳化剂四组分组成。

本实验以乙酸乙烯酯（VAc）为单体，聚乙烯醇（PVA）为乳化剂、过硫酸铵为引发剂、水为分散介质进行乳液聚合。所得的聚合物乳胶粒的直径为 1000～5000nm，比用表面活性剂作乳化剂进行的乳液聚合所得的聚合物胶粒的直径（50～200nm）要大。

乙酸乙烯酯的聚合作用属于自由基链式聚合反应，主要由链引发、链增长、链转移和链终止基本过程组成。

PVA 常被用作辅助乳化剂。当它作为乳化剂单独使用时，它的作用与一般乳化剂有区别。在 PVA 大分子中，有亲油的碳氢链、一部分没有醇解掉的酯基和亲水的羟基，它在水中并不形成胶束。PVA 大部分溶于水中，一部分聚集于单体液滴表面起保护作用，溶于水中的引发剂分解后，会引发溶于水中的单体（20℃时 VAc 在水中溶解度为 2.5%）。由于PVAc 不溶于水，以固相形式从水中析出，又因聚合物对单体亲和力很大，VAc 单体会扩散到 PVAc 的周围，使聚合反应继续进行。在水中溶解的 PVA 分子也会聚集于这些颗粒表面起保护作用，使它们不发生凝聚。

【实验药品】

乙酸乙烯酯（VAc）、聚乙烯醇（PVA）、乳化剂 OP-10、过硫酸铵、邻苯二甲酸二丁酯、正辛醇。

相关药品的物性参数如下：

药品	沸点/℃
PVA	—
VAc	72.2
水	100
邻苯二甲酸二丁酯	340

因此，需要采用减压蒸馏得到聚合物；不至于在高温下分解，同时能分离出低沸点的 VAc。

【实验仪器】

250mL 三颈瓶、玻璃空心塞、水浴锅、回流冷凝管、搅拌器、搅拌桨、搅拌器套管、50mL 恒压滴液漏斗、减压蒸馏装置。

【实验步骤】

称取引发剂过硫酸铵 0.3g 溶于 5mL 水中备用。

安装好反应装置，加入 3g PVA 和 60mL 去离子水，0.6g OP-10。浸泡溶胀数分钟，然后开动搅拌，水浴加热到约 90℃使 PVA 全部溶解。降温至 67℃，并加入正辛醇 0.25mL。先加 3mL 过硫酸铵水溶液，然后将 33mL VAc 由恒压滴液漏斗在 40min 左右内慢慢滴加，温度保持在 66～68℃，不得高于 76℃。

滴加完单体后，再加过硫酸铵水溶液 0.5mL，在 66～68℃下保持 30min。如有回流，再滴加过硫酸铵水溶液 0.5mL，然后逐步升温至 80℃，直至无回流液出现为止。这时加入 3.8mL 邻苯二甲酸二丁酯，再搅拌 10min，停止反应，用减压蒸馏蒸至无液体流出（真空度不超过 200mmHg）。

【注意事项】

1. 工业上重要的典型乳液聚合如丁苯橡胶、丙烯酸酯类乳液的生产中采用的乳化剂为表面活性剂，在水溶液中能形成胶束，在聚合初期反应在胶束内进行。通常阴离子型表面活性剂作乳化剂对形成小胶粒最有效。而非离子型乳化剂对提高冻融稳定性、剪切稳定性有利。单独使用一种乳化剂，乳液聚合转化率低，聚合稳定性差，因此工业上常用复合的乳化剂。本实验也可用复合乳化剂，例如：PVA 2.1g、OP-10 0.6g、十二烷基苯磺酸钠 0.3g。

2. PVA 作为 VAc 乳液聚合的乳化剂，要求其醇解度为 87%～88%，如 PVA1788。若醇解度太高会使乳液不稳定而结块。

3. PVA 先经冷水溶胀后再升温可加快溶解速度。

4. 实践证明，随着搅拌速度加快，反应速度下降。但另一方面，为保持反应物及其温度的均匀度，提高产品质量，又要求有足够的搅拌速度。

5. 反应温度一般要严格控制好在 66～68℃，在升温时切不可太快，一定要保持在回流较少的情况下慢慢升温。

【思考题】

1. 溶液聚合、悬浮聚合、乳液聚合的典型特点是什么？
2. 乳液聚合有哪些缺点？
3. 本实验中各组分的作用是什么？
4. 如何从聚合物乳液中分离出聚合物？

实验 4　乙酸乙烯酯的溶液聚合

【实验目的】

1. 了解乙酸乙烯酯溶液聚合过程和影响因素。
2. 增强对溶液聚合的认识，进一步掌握溶液聚合反应的特点。

【实验原理】

溶液聚合是指单体溶解于溶剂中进行的聚合反应，根据聚合物在溶液中的溶解度不同又可分为均相与非均相溶液聚合，后者又称沉淀聚合，与本体聚合相比，溶液聚合有散热与搅拌容易的优点。在某些场合，溶液聚合生成的高分子溶液还可不经分离直接投入使用。例如乙酸乙烯酯在甲醇溶剂中进行溶液聚合的产物可直接进行下一步醇解反应。

在溶液聚合中，选择适当的溶剂是聚合过程中的关键步骤之一。在选择溶剂时除应考虑溶剂对单体和引发剂有很好的溶解性能外，还必须考虑溶剂的链转移常数及其用量。因为它直接影响聚合速率、转化率和聚合度。

本实验采用甲醇为溶剂，原因是其链转移常数小，且 PVAc 溶于甲醇。加入催化剂后可直接进行醇解。

乙酸乙烯酯的溶液聚合方式为自由基链式反应。反应过程中除链引发、链增长、链终止三个阶段外，还有溶液聚合的突出特点即链转移反应。

高分子链自由基向溶剂的链转移可在不同程度上使产物的分子量降低。若以 C_s 表示溶剂的链转移常数，以 [S] 表示溶剂的浓度，以 [M] 表示单体的浓度，则溶剂对聚合物分子量的影响可以表示为：

$$\frac{1}{\overline{DP}} = \frac{1}{\overline{DP}_0} + C_s \frac{[S]}{[M]} \tag{1}$$

式中，$\overline{DP}_0$ 为无溶剂存在时的平均聚合度；$\overline{DP}$ 为有溶剂存在时的平均聚合度。

乙酸乙烯酯溶液聚合的关键问题就是链转移。单体、溶剂和杂质都有链转移问题，所以主要考虑与链转移有关的影响因素。影响 PVAc 溶液聚合的主要因素如下。

（1）溶剂的选择与用量

在溶液聚合中，溶剂的选择和用量对聚合反应速率和聚合物的分子结构、分子量大小及分布都有重要影响。溶剂不直接参加聚合反应，但溶剂对过氧化物体系的引发剂有诱导分解作用，而诱导分解虽然使引发剂效率降低，但使引发速率增加。各类溶剂对过氧化物类引发剂的分解速率按如下次序依次增加：芳烃、烷烃、醇类、胺类。

溶剂能控制生长着的链分子的分散状态和构型。溶剂能降低向大分子进行转移反应的概率，从而减少聚合物的支化和交联。

溶剂对聚合物分子量大小有影响，即大分子活性链与单体的加成能力应远远大于分子活性链与溶剂的链作用能力，否则溶剂发生链转移，既影响了聚合速率又使分子量降低，因而选择溶剂，首先看其链转移常数 C_s。选择链转移常数小的溶剂一般可制备高分子量的聚合物。

另外要得到聚合的溶液，可选择聚合物的良溶剂，而要使聚合物沉淀出来，就要选择聚合物的非溶剂。

溶剂的用量由〔S〕与〔M〕的比值决定，根据公式 $DP = \dfrac{1}{DP_0} + C_s \dfrac{[S]}{[M]}$ 可以看出聚合度首先决定于溶剂的 C_s，但也取决于所用溶剂的量。如果要达到某一聚合度，可控制溶剂在反应体系中的用量。

（2）单体

前面已述，增长的活性链容易向单体发生链转移，如形成支链聚合物，一般控制聚合反应的转化率在 50%～60% 时停止反应，可以避免支化反应。

（3）杂质

在聚合反应中，如果存在醛和巴豆醛，就很难聚合。因为它们的链转移常数非常大，聚合度一般小于10。醛可以作为分子量调节剂，当需要的产物的聚合度不是太大时，可在能得到聚合度较大的溶剂中加入少量的乙醛，即可使聚合度适当降低。

此外，聚合温度升高，聚合度相应降低，温度降低，所得到的聚乙酸乙烯酯的结晶度高，生产的尼龙纤维耐热水性好，但反应热移出困难。氧对乙酸乙烯酯的聚合反应有双重作用，吸氧量多时起阻聚作用；吸氧量少时起引发聚合作用。

【实验药品】

偶氮二异丁腈（AIBN）、甲醇、乙酸乙烯酯（VAc）。

【实验仪器】

250mL 三颈瓶、玻璃空心塞、回流冷凝管、水浴锅、温度计、温度计套管、搅拌器、搅拌桨、搅拌器套管、减压蒸馏装置。

【实验步骤】

1. PVAc 的制备

乙酸乙烯酯溶液聚合装置如图 5.3(a) 所示，将 250mL 三颈瓶在台秤上称重，后装上搅拌器，回流冷凝管和温度计。依次加入 0.08g AIBN、40g 纯化 VAc 和 20g 甲醇，开动搅拌。当 AIBN 完全溶解后，升温至 60℃反应 4h。

2. 除去未反应的单体

将大部分聚合物溶液倒入回收瓶中，三颈瓶内留下约为 15g 产品，用 5mL 甲醇将瓶口处的溶液冲净，然后装上减压蒸馏装置，如图 5.3(b) 所示，将未反应的单体除尽。

【注意事项】

1. 反应温度不得超过 65℃，在反应过程中应严格控制温度。

2. 实验中气泡的形态和数量反映出了黏度的变化，应时刻注意观察气泡的状态。

3. 搅拌器的柄与胶管可能出现连接不牢固的情况，此时应用四氟胶带缠上搅拌，防止实验过程中搅拌器掉落。

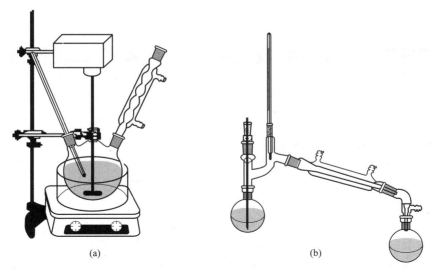

图 5.3 （a）乙酸乙烯酯溶液聚合装置；（b）减压蒸馏装置

【思考题】

1. 溶液聚合有什么缺点？为什么说 VAc 溶液聚合的关键问题是链转移？
2. 为什么要求单体中醛含量很低（小于 $1.5g \cdot L^{-1}$）？
3. 试分析 VAc 溶液聚合中单体转化率不能太大的原因。

实验 5　丙烯酰胺的溶液聚合及其交联反应

【实验目的】

1. 理解丙烯酰胺溶液聚合的原理和方法。
2. 掌握聚丙烯酰胺交联的实验方法。
3. 了解聚丙烯酰胺凝胶的性质和用途。

【实验原理】

聚丙烯酰胺（PAM）是一种水溶性高分子，白色，极易吸附水分。聚丙烯酰胺可在水溶液中，以过硫酸铵引发单体丙烯酰胺聚合得到。在水溶液中，随着反应的进行，分子链增长，当分子链增长到一定程度，即可通过分子间的相互交替形成网络结构，使溶液的黏度明显增加，从而形成凝胶体。

PAM 的聚合反应方程如下：

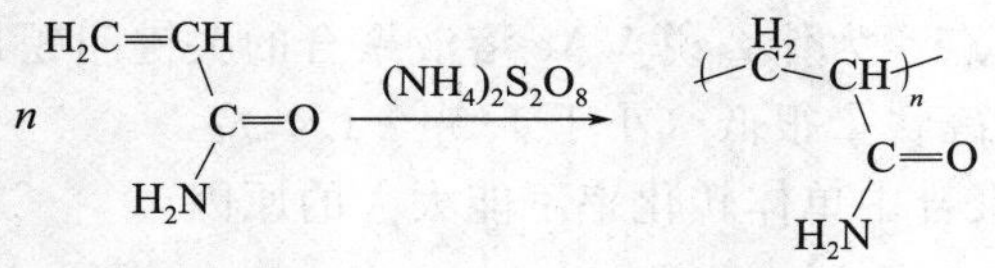

水溶液中的聚丙烯酰胺可以与高价金属离子发生交联，这时，线型高分子与交联剂进行反应，在其分子间形成化学键，使线型高分子相互连在一起，成为网状结构，整个体系失去流动性而形成凝胶，从而大大提高体系的热稳定性、耐溶剂性，耐候性等。这种凝胶在造纸、选矿、油田开发、污水处理等领域有着重要的作用。

本实验还选用甲醛作为聚丙烯酰胺的交联剂，在加热和酸性条件下将线型聚丙烯酰胺交联成体型高分子即聚丙烯酰胺凝胶，交联反应式如下：

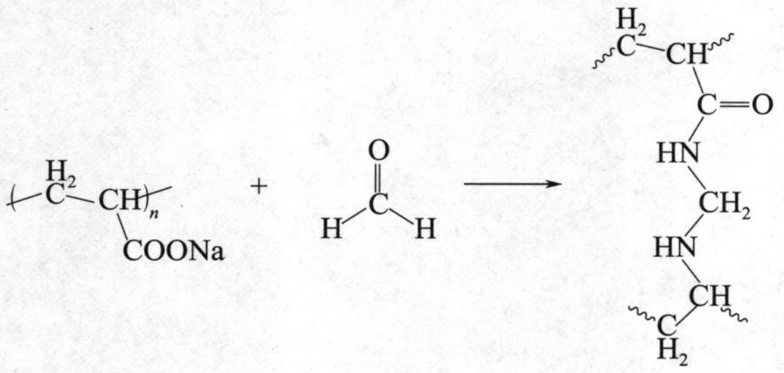

【实验药品】

聚丙烯酰胺溶液（5%）、丙烯酰胺、过硫酸铵、盐酸（$1mol \cdot L^{-1}$）、甲醛（36%）。

【实验仪器】

250mL 三颈瓶、机械搅拌器、搅拌桨、搅拌器套管、回流冷凝管、温度计、温度计套管、水浴锅、量筒、100mL 烧杯。

【实验步骤】

1. 聚合

在 100mL 烧杯中加入 10g 丙烯酰胺和 80mL 去离子水，搅拌溶解。把烧杯置于恒温水浴中，慢慢搅拌升温至 60℃。

准确称取 0.05g 过硫酸铵，用 10mL 去离子水溶解，倒入上述烧杯中，反应 0.5～1h，冷却，出料，观察产物的外观。

2. 交联

称取 5％聚丙烯酰胺溶液 50g，置于 100mL 烧杯中，以 1mol·L^{-1} 盐酸溶液调节溶液的 pH＜3，然后加入装有搅拌器、冷凝管、温度计的三颈瓶中，开动搅拌，水浴加热到 60℃。加入 15mL 36％的甲醛溶液，反应 3～6h 后得到黏稠状的弹性体。

3. 测定交联产物在热水中的溶解性能

【思考题】

1. 在聚合反应过程中，溶液的黏度是否会发生变化？为什么？
2. 甲醛在本实验中起什么作用？反应前后体系有何变化？
3. 交联前后聚合物的溶解性有何变化？

实验6 四氢呋喃的阳离子开环聚合

【实验目的】

1. 理解四氢呋喃阳离子开环聚合的机理。
2. 掌握四氢呋喃阳离子开环聚合的操作方法。

【实验原理】

环状单体开环聚合成线型聚合物的反应，称为开环聚合反应。开环聚合在聚合物合成化学中占有重要地位，与缩聚、加聚并列为三大聚合反应，许多可被用作生物医用材料的聚合物都是通过开环聚合得到的，比如聚 ε-己内酯、聚碳酸酯、绝大多数聚醚和聚 L-氨基酸等。可进行开环聚合的单体大多含有杂原子，分子极性大，易进行离子型聚合，因此，开环聚合大多为离子型聚合。

绝大多数聚醚是由环醚类单体经阳离子开环聚合得到的，质子酸（如硫酸等）和 Lewis 酸（如三氟化硼等）可作为聚合的引发剂。引发剂的选择视单体开环难易而定，三、四元环的单体容易开环聚合，五、六元环单体由于环张力较小，其开环聚合趋势较小，需要选择强质子酸或 Lewis 酸加助引发剂作为引发体系。

聚四氢呋喃是典型的聚醚二元醇，是聚氨酯合成中的一种重要的原料，可通过四氢呋喃（THF）在硫酸的引发下发生阳离子开环聚合而制备。其机理如下式：

$$\text{（反应式）}\quad \xrightarrow{H^+ HSO_4^-}\quad \cdots CH_2HSO_4^- \quad\longrightarrow\quad \cdots O - CH_2HSO_4^-$$

【实验药品】

干燥的四氢呋喃、20％发烟硫酸、甲醇、5％碳酸钠水溶液、去离子水。

【实验仪器】

250mL 三颈瓶、25mL 恒压滴液漏斗、具活塞接头、翻口塞、量筒、温度计、温度计套管、磁力搅拌子、150mL 分液漏斗、250mL 梨形瓶、布氏漏斗、吸滤瓶。

【实验步骤】

如图 5.4 所示，在装有磁力搅拌子、温度计和恒压滴液漏斗的 250mL 三颈瓶中加入 20mL 干燥的四氢呋喃，在恒压滴液漏斗中加入 4g 20％发烟硫酸，将反应装置用双排管抽真空、充氮气反复 3 次。将三颈瓶半浸于冰盐浴中冷却，然后在磁力搅拌下将发烟硫酸匀速逐滴加入烧瓶中，滴加过程中保持烧瓶中

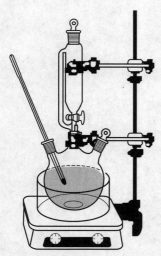

图 5.4 四氢呋喃的阳离子
开环聚合反应装置图

溶液的温度在 0℃ 左右。滴加完毕后，将反应液继续磁力搅拌 2h，反应液逐渐变黏稠。加入 5mL 甲醇和 30mL 去离子水终止反应。

将反应液倒入 250mL 梨形瓶中，旋蒸至瓶中液体不再减少，将瓶内液体倒入分液漏斗中，分去下层水相，加入 30mL 5% 的碳酸钠水溶液，充分振荡中和，静置分层，分去下层水相，上层有机相抽滤，固体用去离子水洗 3 次，抽滤后真空干燥，称重，计算产率。

【思考题】

1. 杂环化合物开环能力的影响因素有哪些？
2. 阳离子开环聚合有哪些特点？
3. 如何测定聚四氢呋喃的羟基含量？
4. 主要的聚醚型聚合物有哪些？各有什么主要应用？

实验 7 苯乙烯的阴离子聚合

【实验目的】

1. 了解阴离子聚合的机理及特点。
2. 掌握萘-钠引发剂的制备和苯乙烯阴离子聚合的方法。

【实验原理】

由阴离子活性种引发的聚合为阴离子聚合，阴离子聚合的单体可以分为烯类和杂环两大类，通常带有吸电子基团的烯类单体有利于阴离子聚合，带芳香基团、双键等的共轭烯类单体，如苯乙烯，既能进行阴离子聚合，又能进行阳离子聚合。

活性阴离子聚合有快引发、慢增长、无终止、无链转移的特点，因此得到的聚合物的分子量分布很窄，分子量设计的可达到性最高，很多用作凝胶渗透色谱技术的标准样品都是通过阴离子聚合得到的。

阴离子聚合的引发剂有 Lewis 碱、碱金属和碱土金属的有机化合物、三级胺类以及一些亲核试剂。其中碱金属引发属于电子转移机理，其他属于阴离子直接引发机理。萘-钠催化体系是最为典型的碱金属-有机化合物阴离子引发体系，在溶剂中，钠将外层电子转移给萘，形成萘钠自由基-阴离子，此自由基-阴离子在烯烃单体加入后即将电子转移给单体，形成烯烃自由基-阴离子，两个烯烃自由基-阴离子耦合成双阴离子，而后双向引发聚合。此机理为电子间接转移引发。阴离子聚合一般选用非质子溶剂，因为其不会与阴离子产生溶剂化作用或反应而阻碍聚合的进行，另外溶剂的量也不宜太多，否则使单体浓度降低而降低反应速率，也会导致活性链的溶剂转移。对于阴离子聚合，聚合温度是一个重要影响因素，聚合需要在低温下进行，这是因为由于离子对的 K_d 值很小，聚合表观速率由离子对决定，反应的总活化能在大部分情况下都为负值，聚合速率会随着温度的升高而降低，聚合物的分子量也会减小。

阴离子聚合在几种聚合中得到的聚合物是最规整的，但其聚合操作的要求也是最高的，反应体系要严格无水无氧，还需要用丙酮-液氮冷水浴控制低温，因此操作起来需要格外注意。

【实验药品】

苯乙烯（精制）、四氢呋喃（THF）（钠回流干燥）、萘、金属钠、甲醇、乙醇。

【实验仪器】

双排管反应系统、100mL 单颈瓶、100mL 二颈瓶、具活塞接头、翻口塞、量筒、注射器、磁力搅拌子、烧杯、布氏漏斗、吸滤瓶、结晶皿。

【实验步骤】

1. 萘-钠引发体系配制

称取 1.15g（0.05mol）金属钠、30mL 干燥的 THF 和 7.2g（0.06mol）萘于 100mL 烧

瓶中，接上充气系统的气体流量计，室温反应直到观察到体系变为深绿色。

2. 苯乙烯的聚合

将装有磁力搅拌子和翻口塞的100mL二颈瓶连接于双排管聚合装置上，抽真空并用吹风机吹烧瓶，降至室温后充氮气，反复三次，在氮气保护下用注射器向烧瓶中加入25mL干燥的THF和3mL苯乙烯单体，而后将烧瓶浸入丙酮-液氮冷却浴，在磁力搅拌下加入萘钠溶液0.1mL，保持低温反应5min后，用注射器加入1mL乙醇终止反应。将反应液倒入100mL甲醇中沉降，抽滤，固体用乙醇洗涤3次，抽干，固体60℃真空干燥至恒重，称量并计算产率。

【思考题】

1. 活性聚合应满足哪些条件？
2. 阴离子聚合有哪些特点？

实验 8 Ziegler-Natta 催化剂催化苯乙烯的配位聚合

【实验目的】

1. 了解配位聚合的特点。
2. 了解 Ziegler-Natta 引发体系催化苯乙烯配位聚合的机理。
3. 掌握 Ziegler-Natta 引发体系催化苯乙烯配位聚合的操作方法。

【实验原理】

配位聚合是烯烃类单体经定向配位、配合活化、插入增长等过程聚合形成立构规整（或定向）聚合物的聚合。配位聚合最大的特点是可以获得立体结构规整的烯烃类聚合物。在配位聚合中，引发剂是影响聚合物立体结构规整性的关键，最常用也最为我们熟知的引发剂体系是 Ziegler-Natta 催化体系。

1953 年，德国化学家 K. Ziegler 用 $TiCl_4$ 和 $AlEt_3$ 的组合作为催化剂，在常压下合成了之前必须在高压下才能得到的聚乙烯，且相比于之前的高压法合成的聚乙烯，Ziegler 合成的聚乙烯支链少、密度高、结晶度高、熔点高，被称为高密度聚乙烯（HDPE）。意大利化学家 G. Natta 在德国法兰克福的一次学术会议上听到了 Ziegler 关于新型催化体系制备聚乙烯的报告，深受启发，并于 1954 年用 $TiCl_3$ 和 $AlEt_3$ 的组合作为催化剂成功实现了立构规整的聚丙烯的低压聚合。Ziegler 和 Natta 两人在更为温和的条件下成功制备有着广泛应用的立构规整的聚乙烯和聚丙烯，大大推进了高分子科学及应用，因而同时获得了 1963 年的诺贝尔奖。

Ziegler-Natta 催化体系由主引发剂和共引发剂两部分组成，主引发剂为过渡金属化合物，如氯化钛等，共引发剂为主族金属的有机化合物，如烷基锂、烷基镁、烷基铝等。聚合时，引发剂首先形成桥型配合物活性中心，而后烯烃单体通过配位作用定向与活性中心配合，并被活化，在金属和烷基键间插入，而后第二个单体继续与活性中心定向配合，并插入增长，以此类推。因此，所得到的聚合物有着好的立构规整性和单分散性。

【实验药品】

苯乙烯、四氯化钛、三乙基铝、正庚烷、1,2-二甲基乙烷、甲醇、甲乙酮、浓盐酸。

【实验仪器】

250mL 四颈瓶、量筒、100mL 恒压滴液漏斗、温度计、温度计套管、翻口塞、注射器、双排管系统、搅拌桨、搅拌器套管、水浴锅、250mL 烧杯、250mL 单颈瓶、回流冷凝管、布氏漏斗、吸滤瓶。

【实验步骤】

将装有搅拌器、温度计、恒压滴液漏斗以及气体进出口管的 250mL 四颈瓶连接在双排管系统上，抽真空、充氮气 3 次，然后在氮气保护下用注射器将 0.18mL（0.164mmol）TiCl$_4$ 加入烧瓶中，将烧瓶浸入干冰、1,2-二甲基乙烷冰浴中，在机械搅拌下将 0.66mL（4.8mmol）AlEt$_3$ 和 1.0mL 正庚烷的混合物在 20min 内用注射器滴加入烧瓶中。之后，室温搅拌反应 30min。将 80mL（0.70mol）苯乙烯加入恒压滴液漏斗中，快速将其滴加入烧瓶中，在 50℃下机械搅拌反应 1.5h，烧瓶内混合物呈凝胶状。在强烈搅拌下于 10min 内用恒压滴液漏斗加入 10mL 甲醇于烧瓶中。在催化剂被破坏后，再加入 70mL 甲醇，有沉淀生成，将其吸出，用甲醇洗涤。将固体沉淀和 100mL 甲醇以及 1.0mL 浓盐酸一同加入 250mL 烧杯中，机械搅拌 1h，抽滤，并用甲醇洗涤 3 次，60℃下过夜真空干燥，固体于甲乙酮中回流 2h 降温至室温，静置过夜，抽滤液体，60℃下过夜真空干燥，得到产物，称量，计算产率。

【思考题】

1. 如何提高苯乙烯配位聚合物的规整度？
2. 配位聚合的特点是什么？

实验 9　N-异丙基丙烯酰胺的原子转移自由基聚合

【实验目的】

1. 掌握原子转移自由基聚合的基本原理和特点。
2. 掌握用原子转移自由基聚合方法制备聚（N-异丙基丙烯酰胺）的方法。
3. 了解聚（N-异丙基丙烯酰胺）的温敏特性。

【实验原理】

传统的自由基聚合方法虽然操作相对简便，但是所得聚合物产物结构规整度差，分子量分布宽，无法做到与聚合前的分子设计一致，分子结构决定材料的性质，难以精确控制的分子结构自然无法得到性质稳定且可达到使用要求的材料，因此可控自由基聚合应运而生。可控自由基聚合，顾名思义，就是能够控制自由基的聚合反应，精确控制聚合度即聚合物分子量，得到单分散的聚合物。

原子转移自由基聚合（ATRP）法是可控自由基聚合方法（controlled radical polymerization，CRP）中的重要方法。它是 Matyjaszewski 教授和王锦山博士于 1995 年共同开发的聚合方法，这种方法第一次在真正意义上实现了"活性"自由基聚合。ATRP 的引发剂中，过渡金属化合物是不可或缺的组分，常用的有 Cu（Ⅰ）和 Ru（Ⅱ）体系。美国卡耐基梅隆大学的 Matyjaszewski 团队使用亚铜体系，以有机卤化物为引发剂，卤化亚铜为过渡金属化合物，2,2′-联吡啶（bpy）或其衍生物为配体，组成了三元引发体系。亚铜与联吡啶由于强烈的配位作用形成配合物并与有机卤化物作用诱导其产生自由基，可引发含双键单体聚合为增长自由基，增长自由基可获得卤原子而成为休眠种，活性种和休眠种之间可构成动态平衡，正因为有着此动态平衡的存在，ATRP 实现了对聚合反应的可控。

ATRP 方法适用的烯烃单体种类多，苯乙烯、丙烯酸酯类等单体都可通过此方法聚合成为分子量分布很窄的高质量聚合物。相比于其他可控聚合方法，ATRP 方法条件温和且分子设计能力强。

聚（N-异丙基丙烯酰胺）（PNIPAAm）是一种温敏性聚合物，由于其结构中同时拥有亲水和疏水基团，PNIPAAm 可以在一定温度下发生可逆的非连续的体积相转变，发生这一转变的温度称为低临界溶解温度（LCST），PNIPAAm 的 LCST 可通过其聚合度或与其他亲疏水单体的共聚来调节。PNIPAAm 在刺激响应性材料的开发中有着众多应用，并在生物医用材料领域有着潜在的应用价值。

本实验采用 α-溴代乙苯作为引发剂，与 2,2′-联吡啶和溴化亚酮构成了三元引发体系，体系产生引发自由基的过程可通过下式表示：

引发 NIPAAm 聚合的链引发和链增长过程可通过下式表示：

链引发

链增长

休眠种

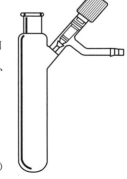

图 5.5　史莱克管

【实验药品】

N-异丙基丙烯酰胺（重结晶提纯）、异丙醇 α-溴代乙苯、2,2′-联吡啶、溴化亚酮、四氢呋喃（THF）、去离子水。

【实验仪器】

25mL 史莱克管（Schlenk Tube）（图 5.5）、磁力搅拌子、翻口塞、双排管系统、杜瓦瓶、量筒、磁力搅拌器、油浴锅、布氏漏斗、吸滤瓶、表面皿、10mL 白色玻璃样品瓶。

【实验步骤】

1. 聚合反应

在装有磁力搅拌子的 25mL 史莱克管中加入 5.0g（0.044mol）N-异丙基丙烯酰胺（NIPAAm）、4mL 异丙醇、0.091g（0.0005mol）α-溴代乙苯、0.182g（0.0012mol）2,2′-联吡啶（bpy）、0.068g（0.0005mol）溴化亚铜，装上翻口塞，将瓶子连接在双排管系统上，并浸于液氮中。抽真空，取出解冻，通入少量氮气后继续抽真空，再用液氮冷冻，重复此抽真空—冷冻—解冻—通氮气操作若干次，氮气保护，于 100℃加热条件下磁力搅拌反应 6h。反应结束后用 20mL THF 溶解产物，过滤除去无机盐，滤液倒入 150mL 无水乙醚中沉淀，抽滤，固体用无水乙醚洗涤三次，抽滤，真空干燥，称量，计算产率。

2. 观察 PNIPAAm 水溶液的温敏性

将得到的 PNIPAAm 在 10mL 白色透明玻璃样品瓶中配制成 3mg·mL^{-1} 的水溶液，将其用冰水浴降温至20℃以下，而后攥在手中，观察溶液变浑浊的现象，而后再将样品瓶浸于冰水浴中，观察溶液重新变透明的现象。

【思考题】

1. ATRP过程中为什么要进行抽真空—冷冻—解冻—通氮气操作？
2. 除了ATRP方法，还有哪些可控自由基聚合方法？
3. 本实验中PNIAAm的ATRP聚合用了史莱克管，试分析其好处。

实验 10 直接酯化缩聚法合成聚对苯二甲酸乙二酯

【实验目的】

1. 了解直接酯化缩聚制备线型聚酯的基本原理和特点。
2. 掌握用直接酯化聚合方法制备聚对苯二甲酸乙二酯的实验技能。

【实验原理】

聚对苯二甲酸乙二酯（PET）是一种结晶型饱和聚酯，机械性能优良，具有刚性高、硬度大、吸水性小、尺寸稳定性好等特点，利用缩聚反应制备得到的 PET 树脂是一类性能优异、用途广泛的工程塑料，也常被用来制成纤维、涂料和薄膜等产品。

目前，在实验和生产上常用的 PET 合成方法有两种：DMT 法（即酯交换法）和 PTA 法（即直接酯化法）。DMT 法是采用对苯二甲酸二甲酯（DMT）与乙二醇（EG）进行酯交换反应，然后缩聚成为 PET。PTA 法是采用高纯度的对苯二甲酸（PTA）或中纯度对苯二甲酸（MTA）与乙二醇（EG）直接酯化，缩聚成聚对苯二甲酸乙二酯。由于 PTA 法具有原料消耗低、副产品少、反应速度平缓、生产控制更稳定等优点，已逐渐成为生产 PET 主要的反应路线。

本实验采用 PTA 直接酯化法合成 PET，主要包括以下两个步骤反应：第一步是 PTA 与 EG 进行酯化反应，生成对苯二甲酸乙二酯（BHET）；第二步是 BHET 在催化剂作用下发生缩聚反应生成 PET。

其中，第一步直接酯化反应的反应方程式如下：

$$
\begin{array}{c} \text{COOH} \\ \bigcirc \\ \text{COOH} \end{array} + 2\begin{array}{c} \text{CH}_2\text{OH} \\ | \\ \text{CH}_2\text{OH} \end{array} \rightleftharpoons \text{HOCH}_2\text{CH}_2-\text{O}-\overset{\text{O}}{\underset{}{\text{C}}}-\bigcirc-\overset{\text{O}}{\underset{}{\text{C}}}-\text{O}-\text{CH}_2\text{CH}_2\text{OH} + 2\text{H}_2\text{O}
$$

第二步缩聚反应是聚酯合成过程中的链增长反应。通过这一反应，两个 β-羟基乙酯基之间发生缩聚并脱去一分子的 EG。反应式如下：

$$
\text{HO}\left[\text{CH}_2\text{CH}_2-\text{O}-\overset{\text{O}}{\underset{}{\text{C}}}-\bigcirc-\overset{\text{O}}{\underset{}{\text{C}}}-\text{O}\right]_x\text{CH}_2\text{CH}_2\text{OH} + \text{HO}\left[\text{CH}_2\text{CH}_2-\text{O}-\overset{\text{O}}{\underset{}{\text{C}}}-\bigcirc-\overset{\text{O}}{\underset{}{\text{C}}}-\text{O}\right]_y\text{CH}_2\text{CH}_2\text{OH}
$$

$$
\rightleftharpoons \text{HO}\left[\text{CH}_2\text{CH}_2-\text{O}-\overset{\text{O}}{\underset{}{\text{C}}}-\bigcirc-\overset{\text{O}}{\underset{}{\text{C}}}-\text{O}\right]_n\text{CH}_2\text{CH}_2\text{OH} + \text{HOCH}_2\text{CH}_2\text{OH}
$$

式中，$x \geqslant 1$；$y \geqslant 1$；$n = x + y$。

这里，单体（BHET）与单体、单体与低聚物、低聚物与低聚物之间将逐步缩聚生成高分子量的聚酯。根据聚合反应的等活性理论，无论线型聚酯分子的分子链长短如何，其链端的活性基团 β-羟基乙酯基的反应活性可以近似认为等同。

酯化反应阶段，可采用常压，也可采用高压以缩短反应时间，反应物中醇过量。缩聚反应时，反应温度要高于聚合物的熔化温度（260～265℃），低于300℃，当温度超过这个值时，聚合物会出现降解。因此，缩聚反应最合适的温度范围是270～290℃。缩聚反应的反应时间至少2h，具体视反应器不同而有所不同。由于这个反应的反应常数较小，反应过程中应尽量除去反应所生成的小分子和过量的醇，促使反应继续向右进行，否则不但会影响反应速度，而且聚合度也不高。因此，缩聚需要在真空下进行，特别是缩聚后期要求在高真空度下进行，同时应尽量增加蒸发表面。

聚酯的直接酯化/缩聚反应也存在一些副反应，如生成二甘醇、乙醛以及聚酯热分解等，其中乙醛和热分解产物生成量少，在酯化反应中可忽略不计，不致影响到总体结果。

【实验药品】

对苯二甲酸（纤维级）、乙二醇（分析纯）、醋酸锑（对苯二甲酸物质的量的1/1000）。

【实验仪器】

250mL四颈瓶、冷凝管2个、玻璃弯管、温度计、翻口塞、双排管系统、量筒、机械搅拌器、油浴锅、布氏漏斗、吸滤瓶、表面皿、样品瓶、真空泵、冷凝瓶、收集瓶、氮气瓶。

【实验步骤】

1. 酯化反应

按图5.6酯化反应装置图搭接好实验装置（注意图中四口反应瓶接氮气的接口未画），加入精制对苯二甲酸和乙二醇（物质的量之比为1∶1.6），加催化剂后，缓慢升温至260℃，每30min检查一下出水量，反应8h后得到产品对苯二甲酸乙二酯BHET。

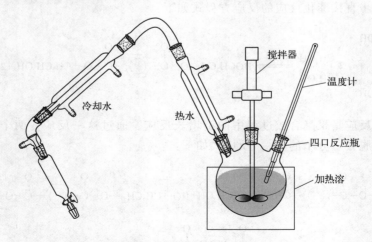

图5.6 酯化反应装置图

2. 缩聚反应

酯化反应结束后，撤掉冷凝装置，用双排管通氮气、抽真空反复三次后，封闭氮气出入口，升温至275℃，保持在低真空（40mmHg）下进行缩聚反应2h。缩聚结束后，趁热倒出，水洗抽滤、真空干燥，称重。

【思考题】

1. 比较酯交换法和直接酯化缩聚法的优缺点。
2. 实验中直接酯化反应中会出现"清晰点"，试讨论其出现的原因。
3. 试分别讨论影响酯化和缩聚反应的因素及其效果。

实验 11　双酚 A 型环氧树脂的合成及其环氧值的测定

【实验目的】

1. 理解逐步聚合的原理。
2. 了解双酚 A 型环氧树脂的合成方法。
3. 掌握环氧值的测定方法。

【实验原理】

　　分子中含有两个或两个以上环氧基团的化合物称为环氧树脂。由于反应活性很强的环氧基团的存在，在胺、酸酐等多种固化剂的存在下，环氧树脂可以因发生环氧基团的开环反应而交联，形成热固性的具有三维网络结构的聚合物。交联后的环氧树脂拥有优异的力学强度，硬度高，尺寸稳定性好，在结构材料领域有着广泛的应用。由于其对金属和非金属表面都有优异的黏结强度，固化后的环氧树脂在胶黏剂和涂料等领域有着广泛的应用。固化环氧树脂还具有十分优异的电绝缘性能，因此也是电路板、电路开关、高压电子变压器的主要材料。

　　环氧树脂品种繁多，分类方法也多种多样，按环氧基团分有脂肪族和脂环族两大类，脂肪族环氧树脂的环氧基团在脂肪链上，脂环族环氧树脂的环氧基团在脂环上，大部分在六元脂环，也就是环己烷基团上。脂肪族环氧树脂又可分为分子中有芳环结构和没有芳环结构的环氧树脂两类，传统环氧树脂大多在分子中含有芳环结构，因为芳环的分子刚性是环氧树脂材料优异力学性能的重要来源，双酚 A 型环氧树脂就是其中的典型，其分子中含有二酚基丙烷（双酚 A）结构，环氧基团以缩水甘油醚的形式连接在环氧树脂两端，双酚 A 结构在树脂中的数目可以是一个，也可以是多个，因此双酚 A 型环氧树脂是一系列不同分子量的环氧树脂的总称。双酚 A 型环氧树脂由于其极高的透明度和优异的结构力学性能，是目前环氧树脂中产量最大、使用最广的品种。

　　环氧树脂的合成方法大致可分为两类：一类是用诸如环氧氯丙烷的小分子环氧化合物或经化学处理后能生成环氧基团的化合物与多元酚或醇反应制备；另一类是用含有双键的聚合物或小分子化合物环氧化制备。本实验中，双酚 A 型环氧树脂是通过环氧氯丙烷与双酚 A 在氢氧化钠存在的条件下合成制备的，其合成反应式如下：

　　环氧值是指每 100g 环氧树脂中含有的环氧基团的物质的量，单位为 mol·（100g 树脂)$^{-1}$。环氧值是环氧树脂的一个重要指标，它和树脂黏度是同一类型环氧树脂不同牌号确定的重要根据，在实际应用中，环氧值也同样是人们合理选择使用树脂的重要判断依据。低分子量环氧树脂（分子量小于1500）的环氧值测定一般用盐酸-丙酮法，测定原理是利用 HCl 与环氧基团等化学计量比的反应，用过量 HCl 消耗掉全部环氧基团，而后用氢氧化钠溶液反滴定剩余的 HCl，用差减法计算得到被测环氧树脂样品的环氧值。HCl 与环氧基团的反应式如下：

环氧值 E ［mol·(100g 树脂)$^{-1}$］ 的计算式如下：

$$E = \frac{(V_1 - V_2) \times c}{1000 \times m} \times 1000 = \frac{(V_1 - V_2)c}{10m} \tag{1}$$

式中，V_1 为空白滴定消耗的氢氧化钠溶液的体积，mL；V_2 为样品滴定消耗的氢氧化钠溶液的体积，mL；c 为氢氧化钠的物质的量浓度，mol·L^{-1}；m 为树脂质量，g。

【实验药品】

环氧氯丙烷、双酚 A、30％氢氧化钠水溶液、精确标定的 1.0mol·L^{-1} 氢氧化钠乙醇溶液、去离子水、甲苯、0.25mol·L^{-1} 盐酸-丙酮溶液、酚酞指示剂。

【实验仪器】

250mL 三颈瓶、温度计、温度计套管、50mL 恒压滴液漏斗、搅拌桨、机械搅拌器、回流冷凝管、250mL 分液漏斗、玻璃空心塞、烧杯、量筒、胶头滴管、碘量瓶、25mL 移液管、碱式滴定管。

【实验步骤】

1. 环氧树脂的合成

在装有机械搅拌、温度计和恒压滴液漏斗的 250mL 三颈瓶中加入 34.2g（0.15mol）双酚 A 和 37.0g（0.40mol）环氧氯丙烷，在机械搅拌下升温至 70℃使双酚 A 全部溶解。在恒压滴液漏斗中加入 40g 30％的氢氧化钠水溶液，逐滴将其加入烧瓶中，滴加过程中注意控制滴加速度，使瓶内反应液温度保持在 70℃左右，防止剧烈升温，若在滴加过程中出现体系剧烈升温现象，可暂时撤去油浴，也可换水浴迅速降温。滴加完毕后，将恒压滴液漏斗撤去，换成回流冷凝管，在 70～80℃下继续反应 2h，可观察到反应液呈乳黄色。加入 35mL 去离子水和 65mL 甲苯，搅拌后趁热将混合液倒入分液漏斗，静置分层，分去下层水相，有机相用去离子水洗两次，分去水相。有机相用旋转蒸发仪减压蒸馏除去溶剂和未反应的环氧氯丙烷，得到产物。

2. 环氧值的测定

精确称取 1g 环氧树脂于 250mL 碘量瓶中，用移液管加入 25mL 0.25mol·L^{-1} 盐酸-丙酮溶液，盖上玻璃塞，摇匀使树脂完全溶解，于阴凉处放置 1h，加入 3 滴酚酞指示剂，用 $1.0\text{mol} \cdot \text{L}^{-1}$ 氢氧化钠乙醇溶液滴定，平行三组，并做空白滴定。计算样品的 E 值。

【思考题】

1. 在环氧树脂合成制备过程中，氢氧化钠起什么作用？若氢氧化钠加入量不足，会对产物有什么影响？

2. 从分子结构角度解释双酚 A 型环氧树脂优良的力学和黏结性能。

3. 为什么环氧树脂使用时必须加入固化剂？

实验 12 聚氨酯的合成及其异氰酸根含量的测定

【实验目的】

1. 了解聚加成反应合成聚氨酯的原理。
2. 掌握制备热塑性聚氨酯弹性体的方法和基本操作。
3. 掌握游离异氰酸根含量的测试方法。

【实验原理】

聚合反应按聚合机理可以分成逐步聚合和链式聚合两大类，逐步聚合是带有不同种类官能团的两种或多种单体通过官能团之间的化学反应进行的，不同种类官能团可在不同单体上，也可以在同一单体内。大部分的逐步聚合是缩聚反应，也就是单体之间的反应会放出小分子的副产物，如水、小分子醇等，也有一部分逐步聚合是加聚反应，如合成聚氨酯的聚加成反应、合成聚苯醚的氧化-耦合反应、己内酰胺聚合为尼龙-6 的开环聚合等。

聚氨酯是聚氨基甲酸酯的简称。聚氨酯是应用极其广泛的一种通过加聚反应按逐步聚合机理得到聚合物。聚氨酯的特征基团是氨基甲酸酯基团（—NHCOO—）。聚氨酯通常是由多元醇低聚物（通常为二元醇低聚物）、多元氰酸酯（通常为二异氰酸酯）和扩链剂（小分子二醇或多醇）三种原料加聚而成的，三种原料都有十分广泛的选择范围，如二醇低聚物可以有聚醚多元醇、聚酯多元醇，低聚物的分子量也可选择，异氰酸酯可以是脂肪族、脂环族或芳香族的，扩链剂的选择更为多样，因此，聚氨酯材料的性能可以通过不同种类原料的搭配组合有很宽范围的调节，这也是聚氨酯材料应用广泛的原因。聚氨酯在弹性体、泡沫塑料、涂料、胶黏剂、结构材料等多领域有着重要应用。

聚氨酯的分子结构可分为软段和硬段，低聚物多元醇组分为软段，多元异氰酸酯与醇和扩链剂反应得到的氨基甲酸酯键同异氰酸酯和扩链剂一起组成硬段，硬段中的氨基甲酸酯键之间会发生氢键相互作用，导致在材料中，硬段会聚集在一起，形成多个微区，此微区扮演了物理交联点的作用，在材料受到应力时可吸收并耗散掉一部分能量，使材料体现出更加出色的力学性能。硬段虽然会聚集形成微区，但此微区并不会发生宏观相分离而从材料本体析出，而只会形成微相分离，因此弹性聚氨酯材料的透明性不会受到影响。

热塑性聚氨酯弹性体的合成方法一般可分为预聚和扩链两步，其中，预聚是用异氰酸酯与低分子量多元醇反应，生成端基为异氰酸酯的低分子量聚合物；扩链是指用小分子多元醇与预聚物进一步反应，生成高分子量的聚合物，在具体实验中，将反应后的聚合物连同溶剂浇注到模具中，待溶剂挥发后即得到高弹性的聚氨酯材料。聚氨酯的预聚和扩链反应式如下所示：

聚氨酯分子中残留或游离出的异氰酸根 NCO 有较大的刺激性气味，对人体也有危害。各项法规和标准都对聚氨酯制品中游离的 NCO 值有严格的规定，因此，需要经常检测聚氨酯中异氰酸根的含量。

【实验药品】

聚丙二醇 1000（$M_w = 1000$）、甲苯二异氰酸酯（TDI）、1,4-丁二醇（钠回流干燥）、N,N-二甲基甲酰胺（DMF）（CaH_2 回流干燥）。

【实验仪器】

250mL 三颈瓶、25mL 恒压滴液漏斗、具活塞接头、量筒、温度计、温度计套管、磁力搅拌子、具活塞接头、100mL 单颈瓶、聚四氟乙烯盘、表面皿、邵氏硬度计。

【实验步骤】

将一定量的聚丙二醇 1000 在磁力搅拌下用油泵于 95℃下抽真空除水 2h，降温至室温备用。

在装有机械搅拌、恒压滴液漏斗和温度计的三颈瓶中加入 7.0g（0.04mol）甲苯二异氰酸酯（TDI）和 10mL 干燥的 DMF，在恒压滴液漏斗中加入 20.0g（0.02mol）除过水的聚丙二醇，加热至 60℃，在机械搅拌下慢慢将聚丙二醇滴入烧瓶，过程中注意观察瓶内反应物温度，防止温度突然升高。滴加完毕后，继续于 60℃反应 1.5h。

称取 1.8g（0.02mol）1,4-丁二醇，溶解于 5mL 干燥的 DMF 中，加入恒压滴液漏斗中，快速滴入烧瓶中，当烧瓶内反应液黏度升高时适当加快搅拌速度，滴加完毕后于 60℃继续反应 1.5h。过程中若反应物黏度过大，可适当添加干燥的 DMF。

反应后，将烧瓶中液体趁热倒入四氟乙烯盘中，罩上表面皿，于 37℃鼓风烘箱中静置 24h，而后于 50℃鼓风烘箱中静置 48h，而后再于 80℃鼓风烘箱中静置 2h，得到热塑性弹性体膜。

根据附录 6 的方法，测试聚氨酯膜中游离的异氰酸根含量。

【思考题】

1. 什么是热塑性弹性体？其特点是什么？举出除了聚氨酯外热塑性弹性体的例子。
2. 从交联的结构和形成方式区分物理交联和化学交联。
3. 为什么本实验中聚氨酯合成过程中的原料、溶剂都要除水？

实验 13　聚乙酸乙烯酯醇解制备聚乙烯醇

【实验目的】

1. 了解聚合物化学反应的基本特征。
2. 掌握由聚乙酸乙烯酯 PVAc 醇解制备聚乙烯醇 PVA 的方法。

【实验原理】

聚合物的分子量很高，具有多分散性，结构层次多样，且高分子的凝聚态结构和溶液行为与小分子的差异很大，这些原因使得高分子的化学反应具有自身的一些特征。一般而言，聚合物中的官能团活性低，在支链反应时转化不完全，产物多为混合物，较难分离。因此，高分子的支链反应常用基团的转化程度来表示反应进行的程度。

聚乙烯醇（polyvinyl alcohol，PVA）是一种重要的水溶性高分子，其分子链含有大量羟基—OH。聚乙烯醇不能直接通过单体聚合得到，工业上多采用聚乙酸乙烯酯 PVAc 醇解制备 PVA，故聚乙烯醇的物理性质受化学结构、醇解度、聚合度的影响。PVA 的成膜性、粘接力和乳化性较好，有卓越的耐油脂和耐溶剂性能。因此，广泛用于生产黏合剂、乳化剂、脱模剂和水泥改性剂等，同时，还是合成维尼纶的主要原料。

聚合物化学反应是指聚合物分子链上或分子链间官能团相互转化的化学反应。用它可进行聚合物化学改性和合成具有特殊功能的高分子材料。工业上醇解制备 PVA 的反应方程式如下：

$$\cdots CH_2-CH \cdots_n + nCH_3OH \xrightarrow{NaOH} \cdots CH_2-CH \cdots_n + nCH_3COOCH_3$$

在完全无水的条件下，主要进行醇解反应，反应速度较慢，而且要求 NaOH 配制为甲醇溶液，难以做到完全无水，少量水存在下使 NaOH 解离度增加，提高催化效能，加快醇解反应。但水的存在会引起副反应产生 CH_3COONa，消耗了 NaOH，阻碍醇解反应，所以反应物料中含水量应严格控制在溶液量的 1%～5% 范围。

聚乙烯醇本身是一种非电解质表面活性剂，在乳液聚合中可作为乳化剂，在悬浮聚合中可作为分散剂。另外还进一步缩醛化制得聚乙烯醇缩甲醛（PVF）和聚乙烯醇缩丁醛（PVB），PVB 是制造安全玻璃的原料。

【实验药品】

聚乙酸乙烯酯（PVAc）、NaOH、甲醇。

【实验仪器】

250mL 三颈瓶、玻璃空心塞、回流冷凝管、机械搅拌器、搅拌桨、搅拌器套管、水浴锅、25mL 恒压滴液漏斗、布氏漏斗、Y 形管、培养皿。

【实验步骤】

利用溶液法合成的 PVAc，在三颈瓶上加搅拌器、回流冷凝管、温度计和滴液漏斗，反应装置图见图 5.7。加 85mL 甲醇搅拌使 PVAc 溶解均匀后，于 25℃下慢慢滴加 5% 的 NaOH-甲醇溶液 2.8mL。滴加速度以每两秒 1 滴为宜，仔细观察反应体系，约 0.5～1.5h 发生相转变，相转变后再滴加 1.2mL NaOH-甲醇溶液，继续反应 1h。用事先在烘箱中预热的布氏漏斗抽滤，得 PVA 白色沉淀，沉淀用 15mL 甲醇洗涤 3 次。产品放在一块大表面皿上，捣碎并尽量散开，自然干燥后放入真空烘箱中，在 50℃下干燥 1h，再称重。烘干后称重计算产率。

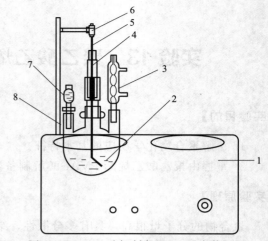

图 5.7　PVAc 醇解制备 PVA 反应装置图
1—恒温水浴锅；2—三颈瓶；3—冷凝管；
4—搅拌器套管；5—搅拌桨；6—机械搅拌器；
7—滴液漏斗；8—电机支架

【结果讨论】

1. 产率

PVAc 的醇解可以在酸性或碱性催化下进行，酸性醇解时，由于痕量的酸很难从 PVA 中除去，而残留的酸可加速 PVA 的脱水作用，使产物变黄或不溶于水，故一般均采用碱性醇解法。而对碱性醇解来说，影响醇解产品质量和产率的因素主要有两个：

① 含水率　醇解系统的含水率对醇解反应影响极大。由于水是酯水解反应的催化剂，随着系统中含水率的增加，水解反应加快，增加碱的消耗。

② 含碱量　含碱量是影响聚乙烯醇醇解度最重要的因素。碱是醇解反应的催化剂，同时参与主反应和副反应。含碱量太高，醇解反应快，副反应产物醋酸钠多；但如果含碱量太低，醇解反应速度慢，反应时间需延长，而且醇解不完全，醇解度低。

2. 醇解度的测定

醇解度是指分子链上的羟基与醇解前分子链上的乙酰基总数的百分比。从聚乙酸乙烯酯（PVAc）醇解制取的聚乙烯醇（PVA），由于不同的目的和原因，其醇解程度不同，在分子链上还剩有乙酰基。用 NaOH 溶液水解剩余的乙酰基，测定消耗的 NaOH 量，从而计算出醇解度。

操作步骤如下：

准确称取干燥至恒重的 PVA 样品 1.5g，精确到 1mg，置于 250mL 锥形瓶中。加入 80mL 蒸馏水。回流至全部溶解，稍冷后加入 25mL 0.5mol·L^{-1} NaOH 水溶液，在水浴上回流 1h，冷却至近室温。用 10mL 蒸馏水冲洗冷凝管。加入几滴 0.1% 的甲基橙溶液。用 0.5mol·L^{-1} 盐酸标准溶液滴定出现黄色。同时做空白实验。样品滴定和空白滴定各做两次。乙酰基含量和醇解度按下式计算：

$$乙酰基含量/\% = \frac{(V_2 - V_1)c \times 0.043}{m} \times 100 \qquad (1)$$

$$醇解度/\% = \frac{(V_2 - V_1)c \times 0.044}{m - 0.042(V_2 - V_1)c} \times 100 \qquad (2)$$

式中，V_1 为样品滴定消耗的盐酸标准溶液的体积，mL；V_2 为空白滴定消耗的盐酸标准溶液的体积，mL；c 为盐酸标准溶液的浓度，mol·L^{-1}；m 为样品质量，g。

醇解反应的影响因素如下。

① 醇解温度　升温醇解反应会加速，但是副反应也会增加，影响 PVA 产品纯度。

② PVAc 浓度　在醇解其他条件固定时，PVAc 浓度太高则体系黏度变大，流动性差，与碱的混合均匀性差，导致醇解度下降，同时产品残存醋酸根增加。但是从工业的角度讲，如果 PVAc 浓度低，则反应停留时间变长，生产能力下降，而且浓度过低会导致溶剂回收量大。

③ 相转变　由于 PVAc 溶于 NaOH-甲醇溶液，而 PVA 不溶，故当反应进行到一定程度会发生相转变。相转变后，析出的 PVA 脱离了溶液体系，较难接触到醇钠，那么析出的 PVA 将无法再度醇解，这会极大地降低醇解度。如果生成了胶冻，部分 PVA 被包裹在中间，同样会影响反应的进程，必须采用强烈的搅拌，将胶冻打碎，才能保证醇解较完全地进行。

④ 杂质　原料 PVAc 是在上次实验所制，可能有 VAc 单体残留在体系内，醇解时会消耗碱生成乙醛，而醛的存在，可能使 PVA 发生缩醛反应而变黄；乙酸甲酯这样的杂质也会消耗碱，使得醇解度降低，使 PVA 的状态变坏，如变成粉状。

为了使实验能适应教学需要，醇解条件比工业上更加温和。所以，本实验加了 85mL 甲醇以稀释聚合物溶液，这样可防止在醇解时产生胶冻。工业上 PVAc 醇解时，其浓度一般控制在 10%～23%，PVAc 与 NaOH 的物质的量之比为 0.112，温度 45～50℃。

PVA 不溶于甲醇中，随醇解反应的进行。PVAc 大分子上的乙酰基（CH_3CO—）逐渐被羟基所取代。当达到一定醇解度（60%）时，这个大分子就要从溶解状态变成不溶解状态，这时体系的外观也要发生突变，即相转变。相转变有时在 30min 后就可能出现。醇解过程中有时会出现胶冻，甚至使整个体系结成一块，此时必须加快搅拌速度，强烈搅拌把胶冻打碎，并适当补加一些甲醇，才能使醇解反应完全。不然胶冻内包住的 PVAc 并未醇解完全，实验失败。所以实验中为避免出现胶冻现象，要求催化剂的滴加速度要慢，并且先后分两次加入，另外搅拌也要安装牢固。

【思考题】

1. 聚合物化学反应的基本特征是什么？

2. 由 PVAc 转化为 PVA 主要有哪两种方法？分别列出反应式。

3. 本实验中醇钠溶液的滴加、搅拌速度分别对醇解反应有何影响？

实验 14 聚乙烯醇缩甲醛的制备

【实验目的】

1. 了解聚乙烯醇缩醛化反应的原理。
2. 学习并掌握聚乙烯醇缩甲醛的操作方法。

【实验原理】

聚乙烯醇 PVA 是水溶性聚合物的特点限制了其应用。利用缩醛化可以降低其水溶性，就使得其有了较大的实际应用价值。工业上有很多这个反应应用的例子，如制备聚乙烯醇缩甲醛 PVF，PVF 俗称 107 胶水，无色透明溶液。因其性能优良，价格低廉而广泛应用于建筑业，有"万能胶"之称。PVF 可用于粘接瓷砖、壁纸、外墙饰面；还用于制作文具胶水、制鞋业粘贴皮鞋衬里等。另一个例子是用丁醛进行缩醛化制备聚乙烯醇缩丁醛 PVB，PVB 可用作安全玻璃的夹层；且有很强的黏结性能，可黏结各种材料。

聚乙烯醇是水溶性的聚合物，如果用甲醛将其进行部分缩醛化，随着缩醛度的增加，水溶液会愈差。聚乙烯醇缩甲醛随缩醛化程度的不同，性质和用途各有所不同。缩醛度为 75%～85% 的聚乙烯醇缩甲醛重要的用途是制造绝缘漆和黏合剂。作为维尼纶纤维用的聚乙烯醇缩甲醛，其缩醛度控制在 35% 左右，它不溶于水，是性能优良的合成纤维。

本实验合成水溶性的聚乙烯醇缩甲醛，即 107 胶水。反应过程中需要控制较低的缩醛度以保持产物的水溶性，若反应过于猛烈，则会造成局部缩醛度过高，导致不溶于水的物质存在，影响胶水质量。因此，在反应过程中，特别注意要严格控制催化剂用量、反应温度、反应时间及反应物比例等因素。本实验的反应式如下：

聚乙烯醇缩醛化的机理为：

【实验药品】

PVA、甲醛（37%）、1∶4 HCl、8% NaOH。

【实验仪器】

250mL 三颈瓶、回流冷凝器、量筒、温度计、温度计套管、水浴锅、机械搅拌器、搅拌桨、搅拌器套管。

【实验步骤】

在 250mL 三颈瓶中加入 70mL 去离子水，7g PVA，先升温至 40℃左右溶胀几分钟，后升温至 95℃使 PVA 完全溶解。于 90℃左右加入 0.5mL 左右 1∶4 HCl，调节反应体系 pH 值 1～3，再加入 3mL 甲醛（37%）搅拌反应。维持 90℃下 40～60min，体系逐渐变稠，可取少许试验黏结性。当黏结性满意后立即加入约 1.5mL 8%的 NaOH 溶液，调节 pH 值 8～9。然后冷却降温出料，获得无色透明黏稠的液体。

【结果讨论】

聚乙烯醇缩甲醛的制备反应是一个高分子聚合物的基团反应，其机理应为有机化学反应中羟基与醛基的羟醛缩合机理，催化剂为氢离子。反应过程中甲醛在酸的催化下主要与聚乙烯醇的相邻两个羟基反应形成缩醛结构，从而使反应液的黏度不断增大，直至达到一定的缩醛度而止。然而，反应过程中缩醛反应不仅发生在同一条 PVA 链段中，也会发生在不同的聚合物链段中，从而部分聚合物形成网状结构，这也是液面上部产生少量黏性较大且不溶于水的泡沫状固体产物的缘故。

实验合成的为水溶性聚乙烯醇缩甲醛胶水，反应过程中须控制较低的缩醛度，使产物保持水溶性，反应中应严格控制催化剂用量、反应温度及反应时间等因素。整个反应过程中要求搅拌充分均匀，当体系变稠出现气泡或有絮状物产生时应马上加入氢氧化钠溶液中和反应体系以终止反应。工业上生产胶水时，为了降低游离甲醛的含量，常在 pH 值调整至 7～8 后加入少量尿素，发生脲醛化反应。

【思考题】

1. 试讨论缩醛反应的机理及催化剂作用。
2. 为什么缩醛度增加水溶性下降，且当达到一定的缩醛度之后产物完全不溶于水？
3. 计算本实验的 PVF 的理论缩醛度。

第6章 高分子计算实验

实验 15 三维高分子链形态的计算机模拟

【实验目的】

1. 学习布朗动力学模拟的基本原理。
2. 通过布朗动力学模拟直观地认识聚合物的链形态与溶剂条件、温度、主链刚性和侧链结构之间的关系。

【实验原理】

从 Flory 理论可以推得聚合物尺寸 $R_{g,c}$ 与链长 N_c 之间的标度关系：$R_{g,c} \sim N_c^\nu$，其中 Flory 指数 ν 能够有效地反映出溶剂条件。在良溶剂下，$\nu \approx 0.588$；在 Θ 溶剂下，$\nu = 1/2$；在不良溶剂下，$\nu = 1/3$。宏观上标度关系的变化，在微观上对应于聚合物链形态的变化。另外，在相同条件下，聚合物链形态也在不同的平衡态之间动态变化。通过计算机模拟，可以直接通过参数的变化反映外界条件的变化，并且可以得到链构象转变的直观动力学图像。

利用修正的 Lennard-Jones 势（m-L-J），$U_{\text{m-L-J}}(r) = 4\epsilon \left[(\sigma/r)^{12} - \alpha(\sigma/r)^6 \right]$ 可以描述聚合物链粒子之间的非键相互作用。通过 α（$0 \leqslant \alpha \leqslant 1$）的增加，可以实现聚合物的溶剂条件逐渐从不良溶剂到良溶剂的转变。

在此基础上，计算不同 α 下的 ν 值，从而定量地给出 Flory 指数与溶剂条件 α 之间的关系，如图 6.1 所示，当 α 从 0 变化到 1 时，ν 从 ≈ 0.6 变化到 ≈ 0.3。可以得出，$0 \leqslant \alpha \leqslant 0.5$ 范围内对应良溶剂；当 $\alpha \approx 0.6$ 时，$\nu \approx 0.5$，此时对应为 Θ 溶剂；$0.7 \leqslant \alpha \leqslant 1.0$ 范围内对应不良溶剂。从而通过 α 的变化，可以定量地描述了我们所使用的

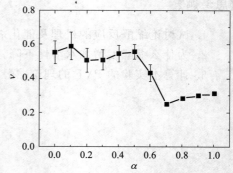

图 6.1 Flory 指数 ν 与溶剂条件 α 之间的变化关系

隐性溶剂模型中，模拟参数 α 与溶剂条件之间的关系。

【实验过程】

（1）通过 galamost 得 molgen 模块构建初始聚合物的结构，并设定键连和键角关系，生成初始结构".xml"格式文件。

（2）构建参数设置的".gala"文件，并学习相关参数设定的物理意义。

（3）构建提交任务的脚本，通过 xshell 提交到 GPU 服务器进行计算。

（4）改变温度，聚合物的链结构和溶剂参数 α，重复上述过程。

【结果分析】

1. 采用 gala_Tackle 统计不同条件下聚合物均方末端距和均方回转半径。

2. 整理数据，拟合出不同条件下的标度关系。

【思考题】

1. 聚合物的链形态在不同溶剂条件、温度、主链刚性和侧链结构下，与分子量的标度关系如何？

2. 对于一种给定的聚合物，如何选用合适的模型参数来描述聚合物的链形态？

实验 16　使用耗散粒子动力学（DPD）方法研究两嵌段聚合物的自组装结构

【实验目的】

1. 通过耗散粒子动力学模拟，直观地认识两嵌段共聚物的自组装结构与两嵌段的比例和相分离强度之间的关系。

2. 学习绘制组装结构的相图。

【实验原理】

聚合物本体自组装研究起源于 20 世纪 60 年代，主要研究的是具有不同组分的聚合物在熔体中的微相分离行为，而研究对象则以嵌段共聚物（block copolymers，BCPs）为主，其中不同嵌段之间是不相容的。在嵌段共聚物熔体中，不相容的两嵌段之间的混合自由能随体系温度降低而逐渐增大。当增大到一定程度时，过高的混合自由能就会驱动不相容的两个嵌段之间发生相分离，此时的温度称为有序-无序相转变温度（order-to-disorder transition temperature，TODT）。由于两嵌段之间是由共价键连接的，这阻碍了两嵌段之间进行更大规模的宏观相分离，因此最终形成了各种各样的微观相分离结构（如图 6.2 所示），包括层状相（lamellae，L）、六方堆积的柱状相（hexagonally packed cylinders，C/C′）、双连续螺

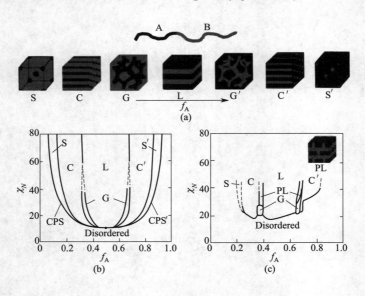

图 6.2　(a) AB 二嵌段共聚物本体微相分离的稳定形貌。S/S′：球状相；C/C′：柱状相；G/G′：双连续螺旋二十四面体相；L：层状相。(b) 自洽场理论预测的 AB 二嵌段共聚物相图。CPS/CPS′：密堆积球状相。(c) 实验获得的聚异戊二烯-b-聚苯乙烯的形貌相图。PL：多孔层状相

旋二十四面体相（bicontinuous gyroids，G/G'）、体心立方球状相（body-centered-cubic spheres，S/S'）等。

嵌段共聚物的微相分离行为主要受三个因素支配：（1）各嵌段的体积分数（f_A 和 f_B，其中 $f_A + f_B = 1$）；（2）聚合物整体的聚合度（N）；（3）不同嵌段之间的相互作用参数，即 Flory-Huggins 参数（χ_{AB}）。其中，χ_{AB} 是与温度（T）有关的量，即

$$\chi_{AB} = \frac{Z}{k_B T}\left[\varepsilon_{AB} - \frac{1}{2}(\varepsilon_{AA} + \varepsilon_{BB})\right]$$

式中，Z 是与某一个聚合物单元邻近的单体个数；k_B 是玻尔兹曼常数（Boltzman constant）；ε_{AA}、ε_{AB} 和 ε_{BB} 分别表示 A-A、A-B 和 B-B 之间的相互作用能。以上三个参数共同决定了聚合物微相分离所能形成的最终形貌。更详细地来讲，χ_N 的值决定了两嵌段之间的相分离强度，也就是决定了聚合物相分离结构是无序还是有序的，而 f 则主要决定了有序相分离对应的微相结构。

【实验过程】

（1）通过 galamost 得 molgen 模块构建两嵌段共聚物的初始结构，并设定键连和键角关系，生成初始结构的坐标文件（".xml"类型）。

（2）构建参数设置的".gala"文件，并学习相关参数代表的物理意义。

（3）构建提交计算任务的脚本，提交计算任务到服务器，采用 GPU 进行计算。

（4）改变两嵌段的比例和相分离参数，重复上述过程。

【结果分析】

1. 采用 VMD/OVITO 软件观察不同条件下得到的组装形貌。

2. 整理数据，绘制出组装结构与两嵌段比例，以及相分离强度之间的相图。

【思考题】

1. 如何通过调控聚合物的组成实现不同组装结构的控制，并指导实验设计相区范围更小的聚合物结构？

2. 调节聚合物的拓扑结构是否可以实现对组装结构的调控？

实验 17　用分子模拟软件构建 PE、PP 分子并计算末端的直线距离

【实验目的】

1. 了解聚合物的链结构。
2. 学会用分子模拟软件构造聚乙烯、聚丙烯等聚合物分子。
3. 学会用软件计算出任意给定单元数目的聚乙烯、聚丙烯分子末端的直线距离。

【实验原理】

高分子的链结构分为近程结构和远程结构。远程结构包括分子的大小、构象和形态，链的柔顺性。近程结构属于化学结构，包括构造和构型。构造是指链中原子的种类和排列，取代基和端基的种类，单体单元的排列顺序，支链的类型和长度等。构型是指由化学键所固定的链中原子或基团在空间的排列，包括单体单元的键合顺序、空间构型的规整性、支化度、交联度以及共聚物的组成及序列结构。结构单元的空间构型中，结构单元为—CH_2—CHR—型的高分子，在每一个结构单元中都有一个手性碳原子。这样，每一个链节就有两种旋光异构体。它们在高分子链中有三种链接方式：假若高分子全部由一种旋光异构体链接而成，称为全同立构；由两种旋光异构体交替链接，称为间同立构；两种旋光异构单元完全无规律链接时，则称为无规立构。分子的立体构型不同时，材料的性能也有不同。例如，全同立构的聚苯乙烯结构比较规整，能结晶，熔点为 240℃；而无规立构的聚苯乙烯结构不规整不能结晶，软化温度为 80℃。全同或间同的聚丙烯，结构比较规整，容易结晶，可以纺丝做成纤维；而无规聚丙烯则不能结晶，是一种橡胶状的弹性体。

实验上可以通过测定聚合物的物理性质表征聚合物的立构规整度，包括：结晶，比重，熔点，溶解行为，化学键的特征吸收等方法。但是，这种方法测得的是聚合物体系整体全同度占比的统计平均。如果要更直观地认识全同、间同和无规立构聚合物的三维空间结构参数，则需要采用分子模拟的建模工具。分子模拟建模工具的基本思想是首先构建两种旋光异构体，之后指定发生反应单体的起始位置、重复单元数目以及要得到的是全同、间同或者无规立构的聚合物。如选择全同结构，则采用一种旋光异构体按顺序连接的方法；如选择间同，则采用两种旋光异构体交替连接的方法；如选择无规立构，将采用随机数种子的方法，随机地采用两种旋光异构单元无规律连接。连接部分的键长将采用该类型化学键的默认键长。

【实验过程】

（1）通过 Material Studio 的 Sketch 模块构建聚乙烯的单体结构。
（2）采用 Build 模块下 Build Polymers→Repeat Unit 指定 Head Atom 和 Tail Atom。
（3）采用 Build 模块下 Build Polymers→Homopolymer 生成聚合度为 100 的聚乙烯

分子。

（4）构建聚丙烯单体，重复上述过程。和聚乙烯单体不同的是在构建 Homopolymer 步骤需要分别选择 Isotactic、Syndiotatic 和 Atactic，然后分别生成全同、间同和无规立构聚合物。

【结果分析】

通过 Material Studio 中 Sketch 模块的 Distance 工具分别测量生成几种聚合物的末端的直线距离。

【思考题】

1. 目前得到的末端距离和实验测得的末端距离是否可以对应？
2. 溶剂条件如何影响聚合物的末端距离？
3. 聚集态结构中，单分子的末端距离如何变化？

实验18　用分子模拟软件计算聚丙烯酸甲酯的构象能量

【实验目的】

1. 学习使用分子模拟构建聚合物的分子结构。
2. 学习使用分子模拟软件优化聚合物的分子结构。
3. 学习使用分子模拟软件进行构象扫描，并计算构象能。

【实验原理】

高分子的主链虽然很长，但通常并不是伸直的，它可以蜷曲起来，使分子采取各种形态。从整个分子来说，它可以蜷曲成椭球状，也可以伸直为棒状。从分子链的局部来说，它可以呈锯齿状或螺旋形。分子的蜷曲主要源于化学环境不同，导致分子内部单键内旋转。单键是由 σ 电子组成的，电子云分布是轴对称的，因此高分子在运动时 C—C 单键可以绕轴旋转，称为内旋转。一个高分子链中有许多单键，每个单键都能内旋转，因此，高分子在空间的形态可以有无穷多个。

由于单键内旋转而产生的分子在空间中的不同形态称为构象，每一个构象相对于最稳定构象的能量称为构象能。由于热运动，分子的构象在时刻发生改变，因此实验上高分子链的构象是统计性的。同时，因为 C—C 单键在旋转过程中总是带着其他相邻的原子或者基团，当这些原子或基团充分接近时，原子的外层电子云之间将产生排斥力，使它们不能接近。这样，单键的内旋转会受到阻碍，此时旋转需要消耗一定的能量，以克服内旋转所受到的阻力。

分子稳定结构的键长、键角和二面角等结构参数，可以通过分子光谱来确定。但是分子中单键旋转所产生的瞬时构象通常在实验中很难捕捉。通过分子模拟技术，固定某些结构参数可以得到各种情况下的瞬时构象，并计算出旋转过程中的构象能变化曲线。在此基础上，还可以获得不同稳定构象之间发生转变的势垒。

【实验过程】

（1）通过 Material Studio 中的 Sketch 模块，构建聚丙烯酸甲酯的单体结构。

（2）采用 Build 模块下 Build Polymers→Repeat Unit 指定 Head Atom 和 Tail Atom。

（3）采用 Build 模块下 Build Polymers→Homopolymer 生成聚合度为 10 的聚丙烯酸甲酯分子。

（4）导出 ".mol2" 格式的分子结构。

（5）将 ".mol2" 格式的分子结构用 GaussView 软件打开，并导出为 ".gjf" 文件。在导出的文件中指定计算方法，这里采用 B3LYP-D3/6-31G* 方法，采用 opt 关键词对构建的初始结构进行结构优化。

（6）将上述优化完成输出的 ".log" 文件用 GaussView 软件打开，并导出为 ".gjf" 文件。在导出的文件中，采用与上一步相同的计算方法。同时采用限制性结构优化（opt＝modredundant），在文件最后指定需要旋转的二面角的四个原子序号、旋转次数和每次旋转的角度（例 a1 a2 a3 a4 s nsteps stepsize）。这里需要分别选择主链上的二面角进行旋转，分别得到对应的结构文件。

（7）将上一步产生 ".gjf" 文件提交到 Gaussian16 软件进行计算。

【结果分析】

采用 GaussView 软件打开计算完成产生的 ".log" 文件，通过 Results 模块中的 Scan 功能可以直接显示出二面角旋转过程中的势能变化曲线，相应地，相对于最稳定构象的能量即为计算得到的各个构象的构象能。

【思考题】

1. 影响高分子内旋转的因素有哪些？
2. 实验上如何测定分子构象的结构参数以及内旋转势垒？

实验 19 高分子链穿越纳米孔的 DPD 模拟

【实验目的】

1. 了解高分子链穿越纳米孔的背景和意义。
2. 观察高分子链穿越纳米孔的过程。

【实验原理】

高分子在外场作用下通过小孔或管道的输运对于生命过程和工业生产都是必不可少的机制。在生物系统中，生物高分子通过孔的现象是普遍存在的。例如，DNA 和 RNA 通过核孔的迁移，蛋白质通过膜管道的基因输运以及病毒进入宿主细胞等。随着生物技术的发展，这一行为也被应用于快速测序、基因治疗和药物分子到活性位点的传递。在工业上，高分子的分离和提纯、石油的再利用以及食物和药的生产都和高分子迁移密切相关。虽然这种实际的生物和工业体系是比较复杂的，但是构建简单模型，包括高分子链和带有小孔的平板墙，可以帮助我们认识这一物理现象的本质。

在高分子输运过孔的研究中，链的序列通过孔的停留时间（从第一个粒子开始进入时计算）占有重要的地位。一般来说，输运过程包括三个步骤。首先，来自供体箱中的高分子链中的一部分填满孔，平均输运时间为 τ_1；在第二步过程中，N-M 段高分子链从供体箱转移到接收箱，平均输运时间为 τ_2，这里 N 是高分子链长，M 是纳米孔长（$M < N$）；在第三阶段，M 链段离开孔，进入接收箱，平均输运时间为 τ_3。总的输运时间是 $\tau = \tau_1 + \tau_2 + \tau_3$。在多数情况下，$N$ 远比 M 大，并且 τ_2 决定总的输运时间。所以，通常采用最小墙模型，即墙的厚度相当于一个粒子大小，来研究场强、溶剂性质、链长和孔大小对于输运动力学的影响。

【实验过程】

1. 链长的影响

（1）通过自编程序构建由三部分组成的模拟箱子，三部分包括链供体箱子、带孔的墙以及链接收箱。

（2）构建参数设置的 ".gala" 文件，并学习相关参数代表的物理意义。和传统 DPD 模拟区别的地方在于，与墙作用的粒子采用方井势，从而避免传统 DPD 软势带来的非物理的粒子穿墙。同时，对所有链的粒子施加定向的拉力来描述外场的作用。

（3）构建提交任务的脚本，分别提交上述计算任务到服务器，采用 GPU 进行计算。

（4）分别构建一系列不同链长的聚合物，重复上述过程，研究链长对穿孔时间的影响。

2. 溶剂条件的影响

（1）在上述模型的基础上，固定链长，改变高分子链和溶剂分子之间的相互作用参数，例如从 5 到 75（中间取一些变化值），以此来描述溶剂条件由良溶剂到不良溶剂的转变。

（2）分别构建上述参数变化过程中的计算任务脚本，提交计算任务到服务器，采用

GPU 进行计算。

3. 孔尺度的影响

（1）在上述模型的基础上，固定链长，固定高分子链和溶剂分子之间的相互作用参数，改变孔的大小，研究孔的大小对穿孔时间的影响。

（2）分别构建上述参数变化过程中的计算任务脚本，提交计算任务到服务器，采用 GPU 进行计算。

【结果分析】

1. 采用 VMD/OVITO 软件观察不同条件下聚合物链穿孔的动力学。
2. 整理数据，绘制链长、溶剂条件和孔大小相对于穿孔时间的关系图。

【思考题】

1. 溶剂条件如何影响高分子链的过孔动力学？
2. 链的刚性与过孔动力学的关系如何？

实验 20　使用 DPD 方法观察受限状态下嵌段聚合物的自组装结构

【实验目的】

1. 了解受限条件下嵌段共聚物自组装的影响因素。
2. 观察受限条件下，嵌段共聚物的自组装过程。

【实验原理】

嵌段共聚物通过自组装可以自发地形成有序的纳米结构，这些有序结构由于其巨大的潜在应用价值而引起了科学家的广泛关注。研究发现，嵌段共聚物的本体微相分离行为主要受各嵌段的体积分数、聚合物整体的聚合度以及不同嵌段之间的相互作用参数影响。在此基础上，人们通过研究发现，自组装体系的环境通过对自组装过程的限制可以影响聚合物体系的最终组装结构。这是因为聚合物分子链具有一定的柔性，它可以在受限结构体内根据受限状况调整自身的弯曲程度和方向，从而形成了与非受限条件下完全不同的组装形态。

聚合物在受限状态下的自组装形态与受限结构体的尺寸、几何构型等因素存在很大的关系。根据受限结构体的几何维数可以将受限状态划分为三类：一维受限自组装、二维受限自组装和三维受限自组装。目前研究最成熟也是最简单的是一维受限，它是将嵌段共聚物像三明治一样夹在两块平坦的、平行的平板之间；二维受限最常用的约束方式是将嵌段共聚物置于圆形孔道之中进行自组装。在这样的受限条件下，通过进一步调节受限体和两嵌段聚合物之间的相互作用，可以实现对组装形貌的调节。三维受限自组装又分为硬受限和软受限，例如可以将嵌段共聚物单体分散在囊泡中进行自组装，通过控制囊泡壁的形变程度来实现硬受限和软受限。

【实验过程】

1. 一维平行板受限自组装

（1）通过自编程序构建平行板受限结构，并在此平行板之间填充两嵌段共聚物分子，生成初始结构的坐标文件（".xml"类型）。

（2）构建参数设置的".gala"文件，并学习相关参数代表的物理意义。

（3）构建提交任务的脚本，提交计算任务到服务器，采用 GPU 进行计算。

（4）改变两嵌段的比例和相分离参数，重复上述过程。

（5）改变平行板与两嵌段之间的相互作用参数，重复上述过程。

2. 二维圆柱形受限自组装

（1）通过自编程序构建圆柱形受限结构，并在此内部填充两嵌段共聚物分子，生成初始结构的坐标文件（".xml"类型）。

（2）构建参数设置的".gala"文件，并学习相关参数代表的物理意义。

（3）构建提交任务的脚本，提交计算任务到超算中心，采用 GPU 进行计算。

（4）改变两嵌段的比例和相分离参数，重复上述过程。

（5）改变圆柱形受限体与两嵌段之间的相互作用参数，重复上述过程。

3. 三维球形受限自组装

（1）通过自编程序构建球形受限结构，并在此内部填充两嵌段共聚物分子，生成初始结构的坐标文件（".xml"类型）。

（2）构建参数设置的".gala"文件，并学习相关参数代表的物理意义。

（3）构建提交任务的脚本，提交计算任务到服务器，采用 GPU 进行计算。

（4）改变两嵌段的比例和相分离参数，重复上述过程。

（5）改变球形受限体的刚性及其与两嵌段之间的相互作用参数，重复上述过程。

【结果分析】

1. 采用 VMD/OVITO 软件观察不同受限条件下得到的组装形貌。

2. 整理数据，绘制出不同受限条件下，组装结构与两嵌段比例和相分离强度之间的相图。

【思考题】

1. 平行板之间的距离如何影响组装结构？圆柱形受限体的尺寸如何影响组装结构？球形受限体的刚性如何影响组装结构？

2. 是否可以通过设计平行板、圆柱形和球形受限体的组成实现对嵌段共聚物组装结构的调控？

第7章 高分子物理分析实验

实验 21　GPC 法测定聚合物的分子量和分子量分布

【实验目的】

1. 了解凝胶渗透色谱的原理。
2. 了解凝胶渗透色谱仪的构造和凝胶渗透色谱仪的实验技术。
3. 学会一种测定聚合物样品分子量及其分布的方法。

【实验原理】

凝胶渗透色谱（gel permeation chromatography，GPC），也称为体积排阻色谱（size exclusion chromatography，SEC），是一种液相色谱，和各种类型的色谱一样，GPC/SEC 的作用也是分离，是色谱中常用的分离技术，其分离对象是同一聚合物中不同分子量的高分子组分，分离依据主要是高分子溶液中的大分子体积，即流体力学体积的大小，利用不同分子量的大分子在色谱中体积排阻效应即渗透能力的差异进行分离。聚合物的不均一性是它的基本特征，也就是说聚合物的分子量存在分布，分子量大小和分散程度取决于聚合反应机理、反应工艺、试样的处理等过程；而聚合物的分子量及其分布又直接决定着聚合物的某些性能。当今，高分子材料已向高性能发展，分子量及其分布等高一层次的高分子结构的问题越来越引起人们的重视。

自高分子材料问世以来，人们不断探索分子量及其分布的测定方法。1932 年，Mcbain 用人造沸石成功地分离了气体和低分子量的有机化合物，1959 年 Porath 和 Flodin 用交联的葡萄糖制成凝胶来分离水溶液中不同分子量的样品。20 世纪 60 年代，J. C. Moore 在总结了前人经验的基础上，结合大网状结构离子交换树脂的经验，将高交联聚苯乙烯凝胶用作填料，同时配合不连续式高灵敏度示差折光仪，制成了快速且自动化的聚合物分子量及其分布的测定仪，成为迄今为止最为有效的分子量分布的测定方法。该方法表现在分析速度快、样品用量少、色谱柱体积小、分离效率高。近十年来凝胶渗透色谱技术得到了很大的发展，检测器精度越来越高，随着计算机的发展，实验数据的处理也变得更加快速、精确，可以从实验数据中得到的信息量也越来越大。

1. 基本原理

高分子在溶液中的体积取决于分子量、高分子链的柔顺性、支化、溶剂和温度，当高分子链的结构、溶剂和温度确定后，高分子的体积主要依赖于分子量。组分的分子量被确定，也就找到了聚合物的分布，然后可以很方便地对分子量进行统计，得到各种平均值。

关于凝胶渗透色谱的分离机理，体积排斥理论已为人们普遍采用。凝胶渗透色谱的固定相是多孔性微球，可由高交联度聚苯乙烯、聚丙烯酰胺、葡萄糖和琼脂糖的凝胶以及多孔硅胶、多孔玻璃等来制备。色谱的淋洗液是聚合物的溶剂，那些微孔对溶剂分子来说是很大的。当聚合物溶液进入装有许多孔物质为填料的色谱柱后，溶质高分子向固定相的微孔中渗透，我们知道聚合物在溶液中以无规线团的形式存在，而高分子线团也具有一定的尺寸，当柱填料中的孔洞尺寸与高分子线团尺寸相当时，高分子线团就向孔洞内部扩散，显然尺寸大的聚合物分子由于只能扩散到尺寸大的孔洞，在色谱柱中的保留时间就短，色谱术语就是淋洗体积或保留体积减小，反之尺寸小的聚合物分子几乎能扩散到填料的所有孔洞中，向孔洞内部扩散较深，在色谱柱中的保留时间就长，其淋洗体积或保留体积增大。因此，不同分子量的聚合物就按分子量从大到小的次序，随着淋洗液的流出而得到分离。图 7.1 是凝胶渗透色谱分离过程示意图。

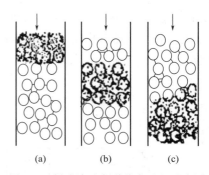

(a)　　　(b)　　　(c)

图 7.1　凝胶渗透色谱分离过程示意图

对于色谱柱来说，其总体积 V_t 分为三部分：凝胶骨架体积 V_g、凝胶载体间体积 V_0，凝胶微孔体积 V_i。

$$V_t = V_g + V_0 + V_i \tag{1}$$

对于聚合物溶液分子，其可占据微孔的体积为 V_i，这时候它在柱中活动的空间为 $V_0 + V_i$，也称为淋洗体积，假若用 V_e 表示溶质的淋洗体积，用 K 表示体积 V_i 中可以被溶质分子进入的部分与 V_i 之比，称为分配系数，则：

$$V_e = V_0 + KV_i \tag{2}$$
$$K = (V_e - V_0)/V_i \tag{3}$$

基于这种分离机理，GPC/SEC 的淋洗体积是有极限的，图 7.2 是 GPC/SEC 淋洗曲线和"切割法"示意图。当高分子体积增大到已完全不能向微孔渗透，淋洗体积趋于最小值，为固定相微球在色谱中的粒间体积。这时 $K=0$，反之，当高分子体积减小到对微孔的渗透概率达到最大时，淋洗体积趋于最大值，为固定相的总体积与粒间体积之和，这时 $K=1$。因此只有高分子的体积居于两者之间 $0<K<1$，色谱才会有良好的分离作用。

2. 实验流程示意

图 7.3 是 GPC/SEC 仪器构造示意图，从图中可看出：淋洗液通过输液泵成为流速恒定的流动相，进入柱温箱，中间经过一个可将溶液样品送往体系的进样装置。聚合物样品进样后，淋洗液带动溶液样品进入色谱柱并开始分离，随着淋洗液的不断洗涤，被分离的大分子组分陆续从色谱柱中淋出。浓度检测器不断检测淋洗液中高分子组分的浓度响应。数据被记录，最后得到一张完整的 GPC/SEC 淋洗曲线。淋洗曲线表示 GPC/SEC 对聚合物样品依据

分子体积进行分离的结果，并不是分子量及其分布曲线。实验证明淋洗体积和聚合物样品分子量有如下关系：

$$\ln M = A - BV_e \quad 或 \quad \lg M = A' - B'V_e \quad (4)$$

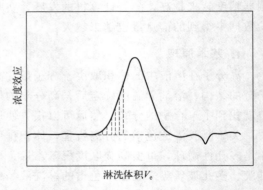

图 7.2 GPC/SEC 淋洗曲线和"切割法"示意图

式中，M 为大分子组分的分子量；A、B（或 A'、B'）与高分子链结构、支化以及溶剂温度等影响大分子在溶液中的体积的因素有关，也与色谱的固定相、体积和操作条件等仪器因素有关，因此，式（4）称为 GPC/SEC 的标定（校正）关系。式（4）的适用性还限制在色谱固定相渗透极限以内，也就是说分子量过高或太低都会使标定关系偏离线性，一般需要用一组已知分子量的窄分布的聚合物标准样品（标样）对仪器进行标定，得到在指定实验条件，适用于结构和标准样相同的聚合物的标定关系。

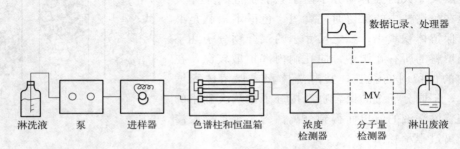

图 7.3 GPC/SEC 构造示意图

色谱需要检测淋出液中组分的含量。因聚合物的特点，GPC/SEC 最常用的是示差折光指数检测器，其原理是利用溶液中溶剂（淋洗液）和聚合物的折光指数具有加和性，而溶液的折光指数随聚合物浓度的变化量 $\mathrm{d}n/\mathrm{d}c$ 值一般为常数，因此，可以用溶液和纯溶剂折光指数之差（示差折光指数）A_n 作为聚合物浓度的响应值。对于带有具有紫外吸收的基团（如苯环）的聚合物，也可以用紫外吸收检测器，其原理是根据比尔定律，吸光度与浓度成正比，用吸光度作为浓度响应值。对于一些球型、共聚物、支化及超支化聚合物可以增配直角、黏度检测器，还有发展很成熟的多角激光光散射联用 GPC。该检测器的原理主要涉及的是光散射的强度与样品分子量和溶液浓度成正比，散射光角度的变化与分子的尺寸大小有关，与传统的 GPC 方法有所不同。可以直接测出绝对分子量。

【实验仪器和条件】

1. 凝胶渗透色谱仪，日本 Tosoh 公司
2. 色谱柱型号：TSKgel AWM-H 6.0 ID* 150mm
3. 淋洗液：色谱级 N,N-二甲基甲酰胺 DMF
4. 被测样品：悬浮聚合的聚苯乙烯
5. 标准样品：分子量窄分布的聚苯乙烯
6. 柱温：40℃
7. 流速：$0.6\mathrm{mL} \cdot \mathrm{min}^{-1}$

8. 进样量：$20\mu L$

【实验步骤】

1. 样品配制

先配制不同分子量的标准样品溶液若干个，根据分子量大小不同，按 $0.03\%\sim0.5\%$ 的浓度准确称量，配制溶液。被测样品的配制同标样，溶解后，用 $0.45\mu m$ 孔径的微孔过滤膜过滤备用。注意溶解样品的溶剂要与流动相一致。

2. 仪器演示

结合仪器结构示意图，观察仪器，了解 GPC 仪器各个组成部分的作用。接通电源，在仪器的面板上设置淋洗液流速为 $0.6mL \cdot min^{-1}$，柱温和测试温度为 $25℃$。

3. GPC 标定及样品测定

打开主机，点击测试软件，建立测试方法，输入样品文件名、样品信息，设置实验条件。待仪器基线稳定不漂移后，先后注射标样和被测样品，进行测试，最后得到标样和试样的淋洗曲线。

4. 记录实验数据

包括实验条件如测试温度、流速、柱型号、进样量和流动相，仪器型号，样品配制浓度，标准曲线和样品文件名，采样的保留体积（或保留时间），测试结果等。

【结果讨论】

1. 建立标准曲线

从标样曲线上，确定标样的淋洗体积，作 $\lg M$-V_e 图，可以得 GPC/SEC 的标定关系。使用 GPC 方法测定未知样品的分子量及其分布，需要用一系列已知分子量的窄分布的聚合物标准样品对仪器进行标定。这里采用的是普适校正法。由于分布非常窄的聚合物标样不易获得，因而价格昂贵，目前，普遍选用的只有聚苯乙烯（PS）、聚甲基丙烯酸甲酯（PMMA）、聚环氧乙烷（PEO）和聚乙二醇（PEG）。测试时，应根据待测聚合物的特性来选择淋洗试剂和相应的标样。

实验表明：不同聚合物通过同一根色谱柱得到的特性黏度和分子量的乘积 $[\eta]M$ 与淋洗体积 V_e 几乎在同一直线上，因此 $[\eta]M$ 可以作为 GPC 的一个普适标定参数，即如果标样和待测聚合物的流出体积相同，表明它们在溶液中具有相同的流体力学体积：

$$[\eta]_1 M_1 = [\eta]_2 M_2 \tag{5}$$

对大部分聚合物而言，普适校正关系中的 $[\eta]$ 可以用 Mark-Houwink 方程代入式（5），再根据标样测定结果，作 $\lg M$-V_e 图，得到一个淋洗体积与分子量关系的曲线，其关系式为：

$$\lg M_2 = Au' - Bu'V_e \tag{6}$$

式中，M_2 是待测聚合物的黏均分子量；Au' 和 Bu' 是常数；它不再与高分子的链结构、支化度等有关，可以通过标样和待测聚合物的 K、α 值计算得到；关系式（6）也仅与仪器、实验条件有关。

目前，GPC 的分子量在线检测技术，从根本上解决了分子量标定问题，光散射-特性黏数-示差折光三检联用技术比较成熟，另外有多角激光光散射-示差折光两检联用 GPC，这种方法不需要注标样、做标准曲线。由于光散射信号直接与分子量大小有关，因此可以直接测出分子量，并获得其他许多有关的信息。

2. 数据处理

在 GPC 试样的淋洗曲线上可以确定基线，用"切割法"进行数据处理，如图 7.2 所示，在谱图中确定基线后，基线和淋洗曲线所包围的是被分割后的整个聚合物，依横坐标对这块面积等距离切割，切割的含义是把聚合物样品看作由若干个具有不同淋洗体积的高分子组分所组成。每个切割块的归一化面积（面积分数）是高分子组分的含量，切割块的淋洗体积通过标定关系可确定组分的分子量。所有切割块的归一化面积和相应的分子量列表或作图，得到完整的聚合物样品的分子量分布结果。因为切割是等距离的，被切割的每条线对应于每个级分 V_i 的分子量 M_{i0}，而每一级分的质量 W 与其浓度成正比，浓度又正比于检测器的响应 H，$W_i = KH_i$，所以用切割块的归一化高度可以表示组分的含量。用分子量分布数据可以计算出各种平均分子量。例如：

$$\text{数均分子量} \qquad M_n = \left(\frac{\sum_i W_i}{M_i} \right)^{-1} = \frac{\sum_i H_i}{\sum \left(\frac{H_i}{M_i} \right)} \qquad (7)$$

$$\text{重均分子量} \qquad M_w = \sum_i W_i M_i = \frac{\sum_i H_i M_i}{\sum_i H_i} \qquad (8)$$

式中，H_i 表示切割块的高度；分子量分布指数 $D = M_w / M_n$。

每个聚合物分子可以由不同数目的单体分子聚合而成，所以各高分子的分子量可以不相等，这种现象叫做聚合物的分子量不均一性或多分散性。而这种聚合物分子量的多分散性使得分子量的表征比小分子要复杂一些。那么，对这种多分散体系来说，我们要表征它的分子量就需要用统计的方法求出试样的分子量的平均值。由于统计方法的不同，即使对同一个试样也可以有许多不同的平均分子量（重均分子量是按分子质量统计平均而得，数均分子量是按分子数目统计平均而得，其物理意义比较明确）。如：M_w、M_n 及 M_w / M_n 这些数值均可利用计算机软件计算。在此不详述。

【思考题】

1. GPC 谱图用 D 对 V_e 作图，得到的曲线是什么曲线？

2. 在实验过程中，应注意哪些问题才能得到比较准确的结果？

3. 同样组分的样品，支化度大的和线型分子哪个先流出色谱柱，为什么？

实验 22　红外光谱法确定聚合物分子中基团的类型

【实验目的】

1. 了解红外光谱法分析的原理。
2. 初步掌握红外光谱仪的使用。
3. 初步学会查阅红外谱图，定性分析聚合物。

【实验原理】

物质分子的键有两种基本振动，即伸缩振动和弯曲振动。当红外光通过试样时，如其频率与试样分子中的化学键振动频率相同，就会被该键吸收，由此得到红外光谱图。通常红外吸收带的波长位置与吸收谱带的强度，反映了分子结构上的特点，可以用来鉴定未知物的结构组成或确定其化学基团；而吸收谱带的吸收强度与分子组成或化学基团的含量有关，可以进行定量分析和纯度鉴定。

红外光谱在可见光区和微波光区之间，波长范围约为 $0.75 \sim 1000 \mu m$，根据仪器技术和应用不同，习惯上又将红外光区分为三个区：近红外光区（$0.75 \sim 2.5 \mu m$）、中红外光区（$2.5 \sim 25 \mu m$）、远红外光区（$25 \sim 1000 \mu m$）。一般测量的傅里叶变换红外吸收光谱（fourier transformation infrared spectroscopy，FTIR）属于中红外区。

因为红外光的能量很小，当物质吸收后，只能引起原子、分子的转动和化学键的振动。对于具体的基团与分子振动，其形式各不相同。每种振动形式通常对应于一种振动模式，即一种振动频率，其大小用波长或"波数"来表示（"波数"即波长的倒数，单位为 cm^{-1}）。每种基团和化学键都有其特征的吸收频率组，为我们识别该种物质提供了可能。

红外光谱的纵坐标有两种表示方法：透光度和吸光度；横坐标则由波长或波数表示，波数等于波长的倒数，即 $\bar{\nu} = \dfrac{1}{\lambda}$，单位为 cm^{-1}。

透光度：$T = \dfrac{I_t}{I_0} \times 100\%$ 　　　　　　(1)

式中，I_0 是入射光强度；I_t 是透射光强度。

吸光度：$A = \lg \dfrac{1}{T} = \lg \dfrac{I_0}{I_t}$ 　　　(2)

此外，衰减全反射光谱（ATR）又称多重内反射光谱（MIR），也常用于聚合物处理的表面结构分析，ATR-FTIR 的简图如图 7.4 所示，其主要附件有衰减全反射装置、可变加热池、红外偏振器、液体定量池、光声池等。

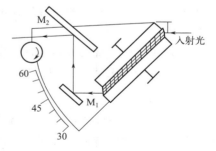

图 7.4　ATR-FTIR 的简图

由于红外光谱分析特征性强，气体、液体、固体样品都可测定，用量少，分析速度快，不破坏样品，能进行定性和定量分析，因此，红外光谱法是鉴定聚合物的最有用方法之一，其可用于得到聚合物的很多结构方面的信息，例如：①鉴定主链结构、取代基的位置、顺反异构、双键的位置；②测定聚合物的结晶度、支化度、取向度；③研究聚合物的相转变；

④探讨老化与降解历程；⑤分析共聚物的组分和序列分布等。

红外吸收光谱和反射光谱均能提供分子基团的信息。通常聚合物本体可以采用吸收的方式采集谱图，而聚合物材料的表面信息可采用全反射的方式采集谱图。采集的红外光谱可以从以下三个方面进行分析：①谱带的位置；②谱带的强度（定量化可以用高度或面积表示）；③谱带的宽度。例如，对于聚合物链中常见的官能团—OH、—NH和—C═O等的特征吸收出现在 $650 \sim 900 cm^{-1}$ 和 $1300 \sim 4000 cm^{-1}$，称为官能团吸收区；而 $900 \sim 1300 cm^{-1}$ 中间部分称为指纹区，这一区域主要会出现C—O的伸缩振动吸收。聚合物链中比较常见的羰基（—C═O）和烯键（—C ═ C）可以通过吸收谱带的形状来区别，这两种基团均在 $1650 cm^{-1}$ 附近有吸收，但是羧酸、酰胺基团中的羰基因形成氢键，表现出较强吸收，而孤立的烯键则因非极性表现出较弱的吸收。

聚合物常用的制样方式有KBr压片、溶液挥发成膜等，不同的制样方式均需注意一些要点，例如压片制样要保证样品的厚度适中。样品厚度太薄，有些峰会被基线噪声掩盖，不易识别；反之样品厚度太厚，峰形较宽可能截顶。通常样品适当厚度为 $10 \sim 30 \mu m$。溶液挥发成膜需要注意残留溶剂易产生的误导，因此选择合适的溶剂，并经过彻底的干燥非常重要。红外测试常用的溶剂有四氢呋喃、甲苯和二氯乙烷等，选择时注意溶剂的沸点不宜太高，应较易挥发。

【实验仪器和试样】

仪器　美国 Perkin Elmer, Inc. 公司的 Spectrum 100 型傅里叶变换红外光谱仪、ATR附件、15吨压片机、液体池。

试样　聚苯乙烯（PE）、聚甲基丙烯酸甲酯（PMMA）的粉末、薄膜（PS）（要求透明，厚度小于1mm）。

【实验步骤】

1. 制样

（1）压片法　将 $1 \sim 2 mg$ 试样与 $200 mg$ 纯KBr研细均匀，置于模具中，用 $(5 \sim 10) \times 10^7 Pa$ 的压力在压片机上压成透明薄片即可。试样和KBr都应经干燥处理，研磨到粒度小于 $2 \mu m$，以免散射光影响。

（2）薄膜法　直接加热熔融后涂制或压制成膜，也可将试样溶解在低沸点的易挥发溶剂中，涂在KBr盐片上，待溶剂挥发后成膜测定。

2. 测试

（1）将试样PMMA和PE分别压片后，读谱，保存后，实验结果要求查阅红外光谱的光谱图，将试样的特征吸收同标准谱图一一比对。

（2）将未知粉末压片后，读谱，保存后，判断试样中是否含有不饱和双键的存在。

（3）将试样PS在溶剂THF中溶解后，成膜，用ATR附件检测其表面的化学功能团；然后，将PS膜在浓酸液中浸泡一段时间后，取出，用去离子水清洗干净，烘干后，用ATR附件检测读谱，比较前后图谱的区别。

【结果讨论】

红外光谱图上的吸收峰位置（波数或波长）取决于分子振动的频率、吸收峰的高低（同一特征频率相比），取决于样品中所含基团的多少，而吸收峰的个数则与振动形式的种类多少有关。

对高分子材料的分析鉴定，可以把它的谱图和以下标准图谱进行比对。

（1）萨特勒（Sadtler）标准红外光谱图集　美国费城萨特勒研究室所编制。它分两大类：一类为纯度在98％以上的化合物的红外光谱图；另一类为商品（工业产品）光谱，包括单体和聚合物等与高分子有关的光谱，还包括聚合物的裂解光谱。

（2）Sigma-Aldrich Fourier红外光谱图库　有机化合物红外光谱图。

（3）赫梅尔（Hummel）和肖勒（Scholl）等著的《Infrared Analysis of Polymers，Resins and Additives，An Atlas》　该书已出版了三册。第一册为聚合物的结构和红外光谱，第二册为塑料、橡胶、纤维及树脂的红外光谱和鉴定方法，第三册为助剂的红外光谱和鉴定方法。

随着网络技术的发展，更多的光谱检索数据库可以在网络上找到。具体网址参见附录14。

【思考题】

1. 红外光谱能否检测非极性聚合物？原因是什么？
2. ATR-FTIR的特点是什么？
3. 水对聚合物的红外光谱有影响吗？
4. 若需要用红外光谱进行定量测定，可以有哪些方法？

实验 23　核磁共振技术确定聚合物的分子结构

【实验目的】

1. 了解 NMR 的基本原理。
2. 了解 NMR 仪器的基本结构和操作使用。
3. 掌握用 NMR 测定聚合物立构规整性的方法。

【实验原理】

核磁共振（nuclear magnetic resonance，NMR）是一种用来研究物质的分子结构及物理特性的波谱学方法。

1. 核磁共振的基本原理

核自旋量子数不为 0 的原子核（如 ^1H、^{13}C、^{19}F 等）在外加磁场的作用下会发生能级裂分，若用与该能级裂分相匹配的电磁波（射频波段）沿着与外加磁场相垂直的方向对原子核进行辐照，则原子核将会吸收能量从低能级跃迁到高能级，实现共振跃迁。这一现象即为核磁共振。按测定的原子核分类，测定氢核的称为氢谱（^1H NMR），测定碳核的称为碳谱（^{13}C NMR）。

2. 核磁共振化学位移

原子核的共振频率由外加磁场决定，但实际化合物中各种不同的化学环境下的原子核，它们的共振频率并不相等，略有差异，其原因是外围电子旋转所产生的磁场起了屏蔽作用。如果方向与外加磁场相反，称为抗磁屏蔽；如果方向相同，则称为顺磁屏蔽。抗磁屏蔽的结果使原子核受到的磁场实际上稍低于外加磁场，其共振频率也稍低。核的外围环境不同，就有不同的屏蔽常数、不同的共振频率，在核磁谱图的不同位置出现吸收峰，这就产生了"化学位移"。由于核的化学位移反映了核的化学环境，因此可作为鉴别或测定化合物结构的重要依据。为测定化学位移值，需要加入一定的参考物质。对于氢谱和碳谱，最常用的参考物质是四甲基硅烷（TMS，其化学位移为 0），对化学位移定义如下（其中，ν_S 和 ν_R 分别是样品和参考物质的共振频率）：

$$\delta = \frac{\nu_S - \nu_R}{\nu_R} \times 10^6$$

3. 核磁共振仪器的主要组成部件

NMR 仪器（图 7.5 为其内部结构）的主要组成部件包括：①磁体：提供强而均匀的磁场。大部分现代核磁共振谱仪配置的是超导磁体，超导磁体中通有电流的超导线圈被密封在液氦容器中，外部再用液氮冷却。磁体中心即磁场最强最均匀的位置，则留有空腔用于放置核磁共振探头和样品。②谱仪控制台：通过计算机控制，调控发射-接收通道、锁信号发射通道、去偶通道的发射频率、功率、脉冲强度和宽度，连接到探头。从探头接收的信号，经前置放大等处理后由模数转化器转化为数字化信号，输出至计算机存储器。③探头：探头是装载样品的核心部件，探头内部包含了样品腔、射频线圈以及与线圈相连的谐振电路。能够在样品周围产生均匀的射频脉冲，并有效接收信号。

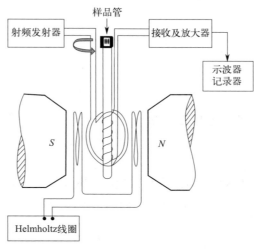

图 7.5　NMR 的内部结构示意图

4. 核磁共振在聚合物研究中的应用

核磁共振波谱在聚合物研究中有着广泛的应用。最基本的应用是利用化学位移、谱峰面积、偶合裂分等基本参数进行聚合物化学结构解析。还可用于研究均聚物的几何构型，空间立构和链节异构，如头尾、头头连接等。也可以表征共聚物的组成及序列分布，交替与嵌段及各种单元组的数量。利用端基分析还可以测定聚合物的数均分子量。还可以表征聚合物的取代、支化、研究聚合物的构象转变以及跟踪聚合过程的机理、中间产物及动力学等。

【实验仪器和试样】

仪器　瑞士 Bruker 公司 AVANCE HD 500 核磁共振波谱仪、5mm 核磁管。

试样　聚甲基丙烯酸甲酯（PMMA）、氘代氯仿溶剂。

【实验步骤】

1. 样品的配制

称取约 10mg PMMA 样品，装入洁净的 5mm 核磁管中，加 0.5mL 氘代氯仿溶剂，振荡溶解，配成均匀溶液。

2. 登录工作站

3. 采集 ^{1}H NMR 谱图

（1）将样品管插入转子，放入量规后将样品管轻轻向下推至适当位置。

（2）从量规内取出样品管，启动气流将样品管吹入探头。

（3）建立 ^{1}H NMR 谱实验参数。

（4）锁场，调节相位（LOCK）。

（5）调谐匹配（ATM）。

（6）氘梯度匀场（SHIM）。

（7）试扫描一次，观察谱图的线型、分辨率，优化采样参数。

（8）多次扫描，保存数据。

4. 处理 ^{1}H NMR 谱图

（1）调节谱图相位（PHASE）。

（2）校准基线（BASELINE）。

（3）定义积分范围。

（4）打印谱图。

5. 启动气流吹出样品管，退出工作站

【结果讨论】

1. 对 PMMA 样品的 ^{1}H NMR 谱图进行谱峰归属分析。

2. 计算该 PMMA 样品中不同立构规整性的三单元组的含量。

【思考题】

1. 化学位移是否随外加磁场的强度而改变？说明理由。

2. 试述液体核磁共振方法在高分子结构与性能分析中的应用。

实验 24　偏光显微镜法观察聚合物的熔融和结晶

【实验目的】

1. 熟悉偏光显微镜的结构和使用。
2. 观察球晶结构，测定球晶直径大小。
3. 了解聚合物的结晶性能和结晶聚合物的光学性能。

【实验原理】

一般而言，人的肉眼在正常情况下能观察到的最小物体的限度约 0.2mm，采用光学显微镜可以将这个数值放大约 1000 倍，分辨率可达到 $0.2\mu m$。由此，高分子的许多结构属于该尺寸观察的范围，例如部分结晶高分子的结晶形态、结晶形成过程或取向等；共混或嵌段、接枝共聚物的区域结构；薄膜和纤维的双折射；复合材料的多相结构以及高分子液晶态的结构等。其中，聚合物的聚集态结构（晶态和非晶态）直接影响了材料的性能。对晶态结构的研究，有利于我们确定适当的加工成型条件，得到确定的结晶度和结晶形态，从而提高和改善高分子材料的性能。

虽然在聚合物晶态结构的研究上有 X 射线衍射、X 射线小角散射、激光小角散射和电子显微镜等比较先进的研究手段，但光学显微镜法因其简便和直接明了，仍有着广泛的应用。偏光显微镜就是一种适用于研究结晶结构及取向度的仪器，属于光学显微镜的一种。

自然光在平面内的传播方向是任意的，而偏振光的振动方向沿着特定方向固定不变。偏光显微镜的原理如图 7.6 所示，起偏器与检偏器为正交的两个偏光镜，当自然光通过起偏器时，它只允许 PP 方向振动的光通过，若载物台上没有样品，PP 方向振动的光到达检偏器时，由于 PP 和 AA 方向垂直，PP 方向的光无法通过检偏器，因此视野为暗；在起偏器与检偏器中间放置样品，若样品为均质体，具有光学各向同性（如熔体聚合物），即只有单折射，入射光的振动方向也不改变，则视野为暗；若样品为非均质体，具有各向异性（如结晶聚合物），光波射入晶体会发生双折射，分解成振动方向互相垂直、传播速度不同、折射率不等的两条偏振光 X、Y。从晶体出来后，光线继续在这两个方向上振动。在检偏器中，光线 X 分解为沿 X_A 和 X_P 振动的两条光、光线 Y 也分解为沿 Y_A 和 Y_P 振动的两条光，X_P 和 Y_P 为检偏器所消光，而 X_A 和 Y_A 相互干涉后通过检偏器，此时视野为亮。

当光线经过非均质体时会发生双折射，形成两条相互垂直的偏振光。但是，当光线从某个特殊的方向通过非均质体时，不发生双折射现象，这个特殊方向就是光轴。按照光轴的多少可分为一轴晶、二轴晶等。高分子聚合物一般为较低晶系的二轴晶。由于结晶聚合物中晶区和非晶区的存在及晶区的光学各向异性，各点的折射率不尽相同，当光线通过时，显示不同的光学特性。折射率愈大，成像的位置愈高。这样在晶体薄片上就显示了微晶的形状、大小，可通过光学显微镜进行观察。

高分子的分子量服从正态分布，且结构多种多样，分子链的柔顺性差异性很大，因此，要形成规整的单晶晶体很困难。但随着结晶条件的不同，聚合物可以形成形态各异的晶体结构，包括球晶、伸直链片晶、纤维状晶体和串晶体等。其中，球晶是聚合物结晶一种最常见

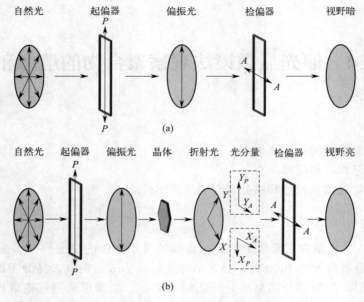

图 7.6 偏光显微镜原理示意图

（a）载物台上无样品；（b）载物台放置双折射晶体

的形式。当结晶聚合物缓慢地从溶液中析出或熔体中冷却时，都倾向于生成这种较为复杂的晶体结构。

按照折叠链模型，球晶是折叠链结构的小微纤以某些晶格为中心，同时向四周堆发射生长的（如图 7.7）。

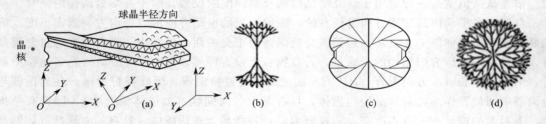

图 7.7 聚丙烯球晶生长示意图

（a）微纤的排列与分子链的取向（其中 X、Y、Z 轴表示单位晶胞在各方向上的取向）；
（b）～（d）球晶生长过程示意图

因为小微纤以径向发射状生长，分子链总是与径向相垂直（如图 7.7）。当振动面为 PP 的偏振光进入聚合物晶体后，各光线都沿各微纤的径向和轴向分解。PP 和 AA 方向上的光线通过正交的偏光镜后，分别被完全挡住，故在 PP 和 AA 两个方向形成消光；而在其他方向，光线在 AA 方向上都可以形成分量，通过检偏器后产生光亮。因此，球晶在正交偏光呈现黑十字消光。图 7.8 清晰显示出聚丙烯球晶在偏光显微镜下的黑十字消光现象。

【实验仪器和试样】

仪器　德国 Leica Microsystems 公司 DM LP 型偏光显微镜、英国 LINKAM 公司 THMS600 型加热台、控温仪、载玻片。

试样　聚丙烯试样。

图 7.8　聚丙烯球晶的偏光显微镜照片

【实验步骤】

（1）样品制备：取全同等规聚丙烯颗粒置于载玻片上，放于制样热台中间，将热台温度升至 200℃，采用热压法将聚丙烯压成厚度约为 0.1mm 的薄膜。

（2）将聚丙烯膜置于载玻片上，放于载物热台的光路中心，盖上盖玻片。

（3）调节检偏器，校正上下起偏，检偏器至正交。

（4）选择偏光显微镜的物镜为 10 倍镜头，调节对焦旋钮使产生清晰图像。

（5）调节物镜中心，使台的转轴中心与显微镜中心一致。

（6）调节偏光显微镜的视场光栏和孔径光栏至适合衬度。

（7）观察聚丙烯晶形随温度的变化。

① 快速结晶过程，将热台温度以 $20℃ \cdot min^{-1}$，升温至 200℃，保持 2min 至聚丙烯膜熔融，再快速降至室温。观察球晶结构并用电脑软件拍照（放大倍数 100 倍）。

② 等温结晶过程，将热台温度以 $20℃ \cdot min^{-1}$，升温至 200℃，保持 2min 至聚丙烯膜熔融，再以 $20℃ \cdot min^{-1}$ 降温至 143℃，等温保持 100min。观察球晶结构并用电脑软件拍照（放大倍数 100 倍）。

（8）观察黑十字消光现象，利用软件测量聚丙烯球晶大小。

【思考题】

1. 试述如何用光学显微镜来研究聚合物晶体。

2. 形成球晶的条件是什么？球晶的生长和单晶有什么不同？

3. 阐述不同结晶条件对球晶大小的影响。

实验 25　扫描电镜观察聚合物的微观结构

【实验目的】

1. 了解扫描电镜的工作原理和结构。
2. 掌握扫描电镜的基本操作。
3. 掌握扫描电镜样品的制备方法。

【实验原理】

显微镜可以直接观察到物质的微观结构，是研究聚合物形态的重要工具。光学显微镜就可以对聚合物的部分结晶结构进行观察，但为了得到分辨率更高的显微镜，必须采用波长更短的波。20 世纪 20 年代初，从理论上证明了电子作为光源可达到很高的极限分辨率。目前，一台高性能的电子显微镜，晶格分辨率可达到 0.14nm，点分辨率达到 0.3nm，相当于最大放大倍数的 50 万～100 万倍。在高倍显微镜下可观察到材料的内部组织状态，内部缺陷等，能直接观察到结晶的晶格图像，甚至某些单个图像。根据检测电子来源的不同，电子显微镜常分为扫描电子显微镜（scanning electron microscopy，SEM）和透射电子显微镜（transmission electron microscope，TEM）。

先进的透射电子显微镜的分辨率约为 1Å，而扫描电子显微镜介于透射电镜和光学显微镜之间，是一种微观形貌的观察手段，可直接利用样品表面材料的物质性能进行微观成像，用于研究高分子共聚物或共混物的两相结构，研究结晶聚合物的形态和结晶结构，以及研究非晶态聚合物的分子聚集形态等。随着电子光学工业的发展，电子显微镜在高分子研究中的应用也越来越普及。

扫描电镜的工作原理如图 7.9 所示。带有一定能量的电子，经过第一、第二两个电磁透镜汇聚，再经末级透镜（物镜）聚焦，成为一束很细的电子束（称之为电子探针或一次电子）。在第二聚光镜和物镜之间有一组扫描线圈，控制电子探针在试样表面进行扫描，引起一系列的二次电子发射。这些二次电子信号被探测器依次接收，经信号放大处理系统（视频放大器）输入显像管的控制栅极上调制显像管的亮度。由于显像管的偏转线圈和镜筒中的扫描线圈的扫描电流由同一扫描发生器严格控制同步。所以在显像管的屏幕上就可以得到与样品表面形貌相应的图像。

扫描电镜的上述主要部件均安装在金属的镜筒内。镜筒内的真空度为 5×10^{-5} Torr。电子枪加速电压为 20kV。电镜的分辨率优于 300Å。

扫描电子显微镜具有接收二次电子和背散射电子成像的功能，同时可以接收特征 X 射线进行元素分析的表征，有效信号深度分布如图 7.10 所示。

"二次电子"是入射到样品内的电子在透射和散射过程中，与原子的外层电子进行能量交换后，被轰击射出的次级电子，它是从试样表面很薄的一层，约 50Å 的区域内激发出来的。二次电子的发射与样品表面的物化性状有关，被用来研究样品的表面形貌。二次电子的分辨率较高，一般可达 50～100Å，是扫描电镜应用的主要电子信息。

"背散射电子"是入射电子与试样原子的外层电子或原子核连续碰撞、发生弹性散射后重新从试样表面逸出的电子。主要反映试样表面较深处（100～1000Å）的情况。其分辨率较低，约500～1000Å。

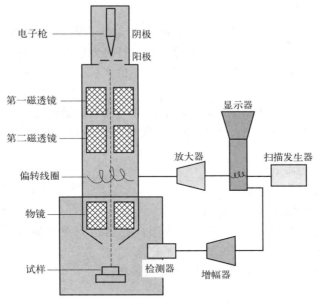

图 7.9　扫描电镜结构原理图

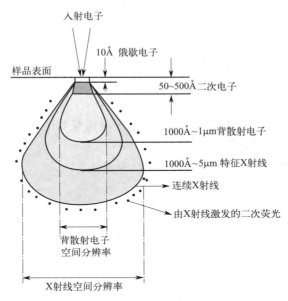

图 7.10　扫描电镜信号深度分布

"特征 X 射线"是入射电子将试样原子内层电子激发后，外层电子向内层电子跃迁时产生的具有特殊能量的电磁辐射。特征 X 射线的能量为原子两壳层的能量差，而元素原子的各个电子能级能量为确定值，因此特征 X 射线可用于分析试样的组成成分。

【实验仪器和试样】

仪器　荷兰 Phenom 公司 Phenom Pro 型台式扫描电镜、真空镀膜仪 1 台。

试样　聚碳酸酯 PC/聚乙烯 PE 共混材料。

【实验步骤】

（1）样品的制备。将块状样品放于液氮中低温脆断，取下断面，断口朝上直接用导电胶固定在样品座上。再将样品座放于真空镀膜台中进行表面镀金。一般采用离子溅射镀膜法。

（2）表面镀金的样品台放入电镜自带的样品杯中，转动旋钮使样品表面持平或略低于样品杯平台。

（3）将样品杯插入电镜样品舱中，关闭舱门并将样品舱抽真空至稳定。

（4）点击图标设置，电脑进入开始界面，此时将探头模式从背散射电子改为二次电子模式。

（5）选择适合的加速电压。

（6）调节对焦旋钮至图像清晰。

（7）调节明暗和对比度旋钮至适合衬度。

（8）逐步增加放大倍数，调焦至图像清晰，直至达到目标放大倍数，点击拍照按钮成像。

（9）卸真空，打开舱门取出样品，回到待机状态。

【结果讨论】

1. 观察并拍摄聚碳酸酯 PC/聚乙烯 PE 共混材料的 SEM 图像，判断其相容性。

2. 观察并拍摄聚碳酸酯 PC/聚乙烯 PE 共混材料样品放大 1500 倍的图像。描述该样品的形态，并计算其粒径：

$$粒径（mm）＝显示图像上实测粒径（mm）/校正后的实际放大倍数$$

【思考题】

1. 扫描电子显微镜的特点是什么？与透射电子显微镜的区别是什么？

2. 不同固体制样的注意事项是什么？

3. 如何能得到清晰的 SEM 图像？

实验 26　TGA 法测量聚合物的热降解行为

【实验目的】

1. 了解热量分析法的基本工作原理，并掌握热重分析的实验技术。
2. 从 TGA 谱图分析聚合物的热降解性能，并计算其热降解活化能。

【实验原理】

热重分析法又叫热解重量分析法，简称热重分析（thermogravimetric analysis，TG 或 TGA），指在程序控温下，测量物质的物理性质随温度变化的一类技术。热分析是一种经典的分析方法，它的起源可追溯到 1887 年 Chatelier 开创的差热分析，但热分析技术广泛用于聚合物材料，仅仅是从四十多年前才开始的。

TGA 应用于聚合物，主要是研究聚合物的热稳定性和热降解过程。此外，可以研究在加热过程中高分子与周围气氛的相互作用、固相反应，测定水分挥发物和残渣，吸收和解吸附，缩聚聚合物的固化程度，聚合物与添加物的组成以及相互利用等。单独使用 TGA 有时只能从一个侧面说明问题，若与其他方法联用时（如 TG-DSC、TG-GC、TG-MS、TG-IR 等），则可相互引证，有利于阐明聚合物反应的本质规律。

研究聚合物的降解机理，评价聚合物的热稳定性都需要 TGA 技术的帮助。TGA 曲线的形状与试样分解反应的动力学有关，因此，与这些反应有关的参数，如反应级数 n、活化能 E、Arrhenius 公式中的频率因子 A 等动力学参数，都可以从 TGA 曲线中求得。

热重 TGA 的谱图是以试样的质量 W 或质量百分数 w 对温度 T 的曲线或以试样的质量变化速度 $\mathrm{d}W/\mathrm{d}t$ 对温度 T 的曲线来表示，后者称为微商热重 DTG，如图 7.11 所示。开始阶段，试样有少量的质量损失（$W-W_0$），一般是聚合物中溶剂的解吸附导致，如果发生在 100℃ 附近则可能是失水所致。在图 7.11 中，试样大量的分解是从 T_1 开始的，质量的减少是 W_0-W_1，在 T_2 之后聚合物分解完毕。图 7.11 中 T_1 称为分解温度，有时取 C 点的切线与 AB 延长线相交处的温度 T_1 作为分解温度，后者数据偏高。

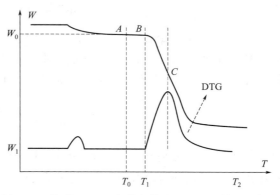

图 7.11　热重（TG）和微商热重（DTG）谱图示意图

在 TGA 的测定中，升温速度的加快会使分解温度明显地升高，如果升温速度太快，试样来不及达到平衡，会使两个阶段的变化变成一个阶段，所以要有合适的升温速度，一般为 $5 \sim 10℃ \cdot \mathrm{min}^{-1}$。试样的颗粒不能太大，否则会影响热量的传递，颗粒小则开始分解的温度和分解完毕的温度会降低。

TGA 曲线的形状与试样分解反应的动力学有关，例如反应级数 n、活化能 E、Arrhenius 公式中的频率因子 A 等动力学参数都可从 TGA 曲线中求得。这些参数在说明聚合物的降解机理、评价聚合物的热稳定性上都是很有用的，从 TGA 曲线计算动力学参数的方法很多，下面仅列举两种供参考。

1. 采用单一加热速度。假定聚合物的分解反应可用下式表示

$$A(固体) \longrightarrow B(固体) + C(气体)$$

反应过程中留下来的活性物质的质量为 W。根据动力学方程，反应速度为

$$-\frac{\mathrm{d}W}{\mathrm{d}t} = KW^n \tag{1}$$

式中，$K = Ae^{-E/RT}$，炉子的升温速度是一常数，用 $\beta = \mathrm{d}T/\mathrm{d}t$ 来表示，则代入式（1）得

$$-\frac{\mathrm{d}W}{\mathrm{d}T} = \frac{A}{\beta} e^{-E/RT} W^n \tag{2}$$

式（2）表示用升温法测得试样的质量随温度的变化与分解动力学参数之间的定量关系。

将式（2）两边取对数，并且应用在两个不同温度时得到的两个对数式相减，其中 β 是一常数，则得

$$\Delta \lg\left(-\frac{\mathrm{d}W}{\mathrm{d}T}\right) = n \Delta \lg W - \frac{E}{2.303} \Delta\left(-\frac{1}{T}\right) \tag{3}$$

从式（3）可看出，当 $\Delta\left(-\dfrac{1}{T}\right)$ 是一常数时，$\Delta \lg\left(-\dfrac{\mathrm{d}W}{\mathrm{d}T}\right)$ 与 $\Delta \lg W$ 呈线性关系，直线的斜率就是 n，从截距中可求出 E，这样只要一次实验就可求出 E 和 n 的数值了。用这种方法求动力学参数的优点是只需要一条 TGA 曲线，而且可以在一个完整的温度范围内连续研究动力学，这对于研究聚合物裂解时动力学参数随转化率而改变特别重要。但是，最大的缺点是必须对 TGA 曲线很陡的部位求出它的斜率，其结果会使作图时点分散，给精确计算动力学参数带来困难。

2. 采用几种加热速度降解法，从几条 TGA 曲线中求出动力学参数。每条曲线都可用下式表示

$$\ln \frac{\mathrm{d}W}{\mathrm{d}t} = \ln A - \frac{E}{RT} + n \ln W \tag{4}$$

根据式（4），当 W 维持常数时，应用不同的 TGA 曲线中的 $\mathrm{d}W/\mathrm{d}t$ 和 T 的数值作 $\ln(\mathrm{d}W/\mathrm{d}t)$ 对 $1/T$ 的图，从直线的斜率中可求出 E，从截距可以求出 A。用这种方法计算时，A、B、C 点斜率不易求准，故按公式（5）进行计算，即选取一定 W 下对应

$$\frac{\mathrm{d}\lg\beta}{\mathrm{d}(1/T)} = -0.4567 \frac{E}{R} \tag{5}$$

升温速率 β_1，β_2，β_3，… 下，得到分解温度 T_1，T_2，T_3，…，则以 $\lg\beta$ 与 $1/T$ 作图，由其斜率即可求得热分解活化能 E。这种方法虽然需要多做几条 TGA 曲线，然而计算结果较可靠。

除了用升温的 TGA 曲线计算动力学参数外，还可用恒温的 TGA 曲线求出动力学参数，计算方法与前者类似。利用公式（3），对每一恒定温度作图，可以求出动学参数 E 和 n。

【实验仪器和试样】

仪器　美国 TA 公司 TGA550 型热重分析仪、感量 0.1mg 的电子天平、镊子等。

试样　聚氯乙烯（PVC）。

【实验步骤】

（1）清理铂金坩埚，放入自动进样器。

（2）在 Calibration 菜单下，点击 Tare 键，完成天平调零。

（3）称取约 3~10mg PVC 试样，放入铂金坩埚。

（4）设置实验参数：升温速率 $20℃ \cdot min^{-1}$。

（5）运行实验，检测 TGA 曲线。

【数据处理】

1. 使用 TRIOS 软件进行数据处理，得到不同温度区间的质量变化。

2. 使用 TRIOS 软件在 TGA 曲线上求得热分解温度。

【思考题】

1. 升温速率对热分解温度有影响吗？

2. 升温法与恒温法各有什么优缺点？

实验 27　DSC 法测量聚合物的转变行为

【实验目的】

1. 了解差示量热扫描仪的工作原理，并掌握仪器的基本操作方法。
2. 掌握用 DSC 谱图分析 PET 和 PE 的 T_c 和 T_m、结晶热和熔融热。

【实验原理】

在等速升温（降温）的条件下，测量试样与参比物之间的温度差随温度变化的技术称为差热分析（differential thermal analysis，DTA）。试样在升（降）温过程中，发生吸热或放热，在差热曲线上就会出现吸热或放热峰。试样发生力学状态变化时（如玻璃化转变），虽无吸热或放热，但比热有突变，在差热曲线上是基线的突然变动。试样对热敏感的变化能反映在差热曲线上。发生的热效应大致可归纳为以下几种：

（1）发生吸热反应　结晶熔化、蒸发、升华、化学吸附、脱结晶水、二次相变（如聚合物的玻璃化转变）、气态还原等；

（2）发生放热反应　气体吸附、氧化降解、气态氧化（燃烧）、爆炸、再结晶等；

（3）发生放热或吸热反应　结晶形态转变、化学分解、氧化还原反应、固态反应等。

用 DTA 方法分析上述这些反应，不反映物质的质量是否变化，也无法判断是物理变化还是化学变化，它只能反映出在某个温度下物质发生了反应，具体确定反应的实质还得要用其他方法（如光谱、质谱和 X 光衍射法等）。

由于 DTA 测量的是样品和基准物的温度差，试样在转变时热传导的变化是未知的，温差与热量变化的比例也是未知的，其热量变化的定量性能不好。在 DTA 基础上增加一个补偿加热器而成的另一种技术是差示扫描量热法（differential scanning calorimetry，DSC）。因此，DSC 直接反映试样在转变时的热量变化，便于定量测定。

DTA、DSC 广泛应用于以下方面：

（1）研究聚合物相转变，测定结晶温度 T_c、熔点 T_m、结晶度 X_D、结晶动力学参数；

（2）测定玻璃化转变温度 T_g；

（3）研究聚合、固化、交联、氧化、分解等反应，测定反应热、反应动力学参数。

试样在升温或降温时是否发生吸热或放热反应，这就是 DTA 的基础，实现这种分析方法的简单原理如图 7.12 所示。由 A、B 两种不同金属组成的热电偶按图中所示方法连接。这样在金属 A 的两端所引出的信号是代表着试样和参比物两者的温差 ΔT。试样和参比物都处在一个可以任意控制其升温的炉体中，用记录仪记录 ΔT 与时间之间的函数关系。

差示扫描量热分析是在差热分析的基础上发展起来的。它的基本原理可用图 7.13 来说明。为了实现热量的记录，在原差热分析的基础上，在样品坩埚和参照物坩埚底下设置了热能补偿电热丝；当试样侧与参比侧相比产生一个 ΔT 时，这个 ΔT 就去推动补偿电热丝加热，让温度偏低的一侧的补偿电热丝通过电流 I 使得低温侧的温度上升到与另一侧相同，即 $\Delta T = 0$。这时补偿电热丝上的电流又恢复到零。所以在记录仪上记录的不是温度 ΔT，而是记录电热丝上通过的电流 I。当 I 等于零时记录仪在基线上不发生偏移；当试样坩埚下的补

偿电热丝电流 I 从零升到某一数值，这时记录的曲线就显示吸热过程；若参比坩埚底下的补偿电热丝通以电流，记录曲线就显示放热过程。由于这种方法始终是保持 $\Delta T = 0$，这就避免了热的流动，保证了热能记录的准确性并且达到定量分析的目的。由于记录的电流 I 是直接正比于热量的，所以用这种方法测得的是样品在物理或化学变化过程的热量与时间的函数关系。这一分析方法在当前的高分子材料分析中占有重要的地位。

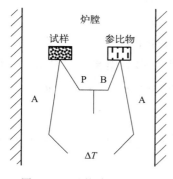

图 7.12　差热分析原理图

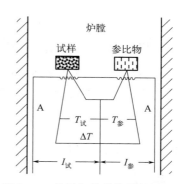

图 7.13　差示扫描量热分析原理图

DSC 与 DTA 相比具有下列优点：温度控制比较严格，可以用曲线中峰的面积直接计算热量变化，重复性好。典型的结晶高分子的 DSC 图谱如图 7.14 所示。

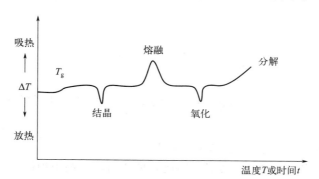

图 7.14　差示扫描量热分析曲线

聚合物 DSC 谱的模式图见图 7.15。

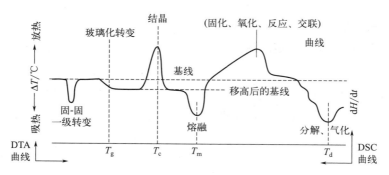

图 7.15　聚合物的 DTA 和 DSC 曲线示意图

本实验是在等速（即线性）升温的条件下，研究聚对苯二甲酸乙二酯和聚乙烯热氧化的反应过程及机理。Kissinger 等根据等速升温的条件，假设吸热或放热与反应速率成正比，

于是，反应速率的极大值发生在峰顶处，其表达式为

$$\ln \frac{\beta}{T_m^2} = -\frac{E}{R} \cdot \frac{1}{T_m} + C \tag{1}$$

这里 β 为程序升温速率，$K \cdot min^{-1}$；T_m 为峰顶对应的温度，K；R 为气体常数，8.314 $J \cdot mol^{-1} \cdot K^{-1}$；$C$ 为常数。上式可改为导数形式

$$d\left(\ln \frac{\beta}{T_m^2}\right) / d\left(\frac{1}{T_m}\right) = -\frac{E}{R} \tag{2}$$

显然，在不同的升温速率 β_1，β_2，β_3，...，β_n 条件下进行多次实验，得到不同 T_1，T_2，T_3，...，T_n，通过作图（或用一次线性回归）即可得到斜率（$-E/R$），从而求得热氧化的表观活化能 E。为方便起见，在实际使用中，常用 Ozawa 方程，即

$$\lg \beta = -\frac{0.457E}{R} \frac{1}{T_m} + C \tag{3}$$

式（3）的符号意义同式（1）、式（2），该式形式简便，且所得结果与式（1）相当接近。

【实验仪器和试样】

仪器　美国 TA 公司 Q2000 差示扫描量热仪、电子分析天平 1 台、坩埚若干、镊子。

试样　聚对苯二甲酸乙二酯（PET）。

【实验步骤】

1. 开机

（1）开保护气体 N_2，气体流速调至 $50mL \cdot min^{-1}$。

（2）开 DSC 主机、计算机，启动软件。

（3）开制冷机，待 Flange Temperature 降至 $-80℃$ 后将温度调至室温待机。

2. 操作步骤

（1）制样：称取 $5\sim10mg$ PET 样品，装入坩埚。

（2）加样：将样品坩埚和参比坩埚分别放入炉体内，并关闭炉体。

（3）设置程序参数：输入样品质量，设置升降温速率 $20℃ \cdot min^{-1}$。

（4）运行程序采集 DSC 曲线。

3. 数据处理

（1）确定 PET 的 T_c、T_m、T_g 数值。

（2）计算 PET 的结晶热及熔融热。

4. 关机

（1）温度降至室温后关制冷机。

（2）退出软件，关 DSC 主机、计算机。

（3）关保护气。

【思考题】

1. 升温速度对 PET 的熔点有什么影响？对测得的熔融热有什么影响？

2. 不同热历史的 PET，其 DSC 谱是否一样，为什么？

3. 参比物在整个实验的温度区间内是否允许有热效应？

实验 28 转矩流变仪测定聚合物的流变和加工性能

【实验目的】

1. 了解转矩流变仪的基本结构、工作原理及使用方法。
2. 掌握转矩流变仪测定聚合物熔体的流变性能及其表征加工性能的方法。

【实验原理】

高分子材料的成型往往要考虑其在升温、加压条件下的动态流变行为，也就是本体的黏弹性行为，其中还包含高分子在加工过程中的力化学降解或热氧化降解等。因此，对高分子材料加工过程中的流变行为进行研究，对原料的选择和使用、成型最优工艺条件的确定、成型设备和模具的设计及提高制品的质量都有重要的作用。

高分子材料的流变行为测定有很多方法，如毛细管流变仪法、哈克（HAAKE）转矩流变仪法等。哈克转矩流变仪是一种研究聚合物流变行为和共混的小型仪器，它可以模拟实际加工条件，有效地表现几乎所有的热塑性塑料及橡胶的熔化流变行为、剪切力和温度场等工艺特性，以及聚合物与其他组分（增强粒子、添加剂等）的共混效果。

在高分子材料流变性能的研究中，黏度是描述高分子材料熔体流变行为最重要的物理量。对绝大多数高分子材料而言，其溶体的流动行为都呈现假塑性，即流体的黏度随剪切速率的增加而减小。高分子流体的剪切应力与剪切速率之间的关系可通过下式表示：

$$\eta = \tau / \gamma \tag{1}$$

式中，η 为表观黏度，它不仅与高分子材料本身的分子结构有关，还与加工温度和剪切速率等有关；τ 为剪切应力；γ 为剪切速率。

哈克转矩流变仪是一种多功能流变学测试系统，基本原理是被测试样品抵抗混合的阻力与样品黏度成正比，转矩流变仪通过作用在转子或螺杆上的反作用扭矩测得这种阻力。

物料被加到混炼室中，受到两个转子所施加的作用力，使物料在转子与室壁间进行混炼剪切，物料对转子凸棱施加反作用力，由测力传感器测量，经过杠杆和臂转换成扭矩值（单位 N·m），扭矩值的大小反映了物料黏度的大小。通过热电偶对转子温度的控制，可以得到不同温度下物料的黏度。

扭矩数据与材料的黏度直接相关，但它对应的不是绝对黏度。绝对黏度只有在稳定的剪切速率下才能测得，在加工状态下材料是非牛顿流体，流动是非常复杂的湍流，有径向的流动也有轴向的流动，因此不可能将扭矩数据与绝对黏度对应起来。但这种相对数据能提供聚合物材料的有关加工性能的重要信息，这种信息是绝对法的流变仪得不到的。因此，实际上相对和绝对法的流变仪是互相协同的。从转矩流变仪可以得到在设定温度和转速（平均剪切速率）下扭矩随时间变化的曲线，这种曲线常称为"扭矩谱"，除此之外，还可同时得到温度曲线、压力曲线等信息。在不同温度和不同转速下进行测定，可以了解加工性能与温度、剪切速度的关系。转矩流变仪在共混物性能研究方面应用最为广泛。转矩流变仪可以用来研究热塑性材料的热稳定性、剪切稳定性、流动和固化行为。图 7.16 为一般物料的转矩流变曲线。

各段意义分别如下：

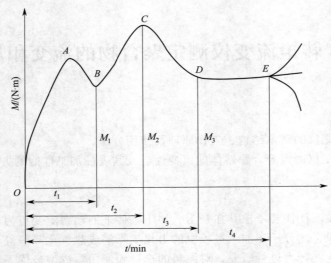

图 7.16　一般物料的转矩流变曲线

OA：在给定温度和转速下，物料开始黏连，扭矩上升到 *A* 点。

AB：受转矩旋转作用，物料很快被压实（赶气），扭矩下降到 *B* 点（有的样品没有 *AB* 段）。

BC：物料在热和剪切力的作用下开始塑化（软化或熔融），物料即由黏连转向塑化，扭矩上升到 *C* 点。

CD：物料在混合器中塑化，逐渐均匀。达到平衡，扭矩下降到 *D*。

DE：维持恒定扭矩，物料平衡阶段（至少在 90s 以上）。

E 以后：继续延长塑化时间，导致物料发生分解、交联、固化，扭矩上升或下降。

【实验仪器和试样】

仪器　HAAKE PolyLab OS Thermo Corp. 转矩流变仪（图 7.17）。

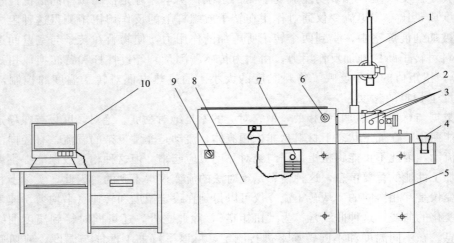

图 7.17　转矩流变仪结构示意图

1—压杆；2—加料口；3—密炼室；4—漏料；5—密炼机；6—紧急制动开关；

7—手动面板；8—驱动及扭矩传感器；9—开关；10—计算机

参数：主机驱动功率7kW；最大扭矩400N·m；最高转速280r·min^{-1}；密炼机混合腔容积（不含转子）120cm³；转子最大扭矩160N·m；最高温度400℃。

试样 共混聚丙烯（PP）、乙烯辛烯共聚物（POE）、滑石粉（汽车保险杠配方）。

【实验内容】

1. 实验方案

共混PP、POE和滑石粉，观察混合过程中熔体的扭矩变化曲线，分析加工性能。

2. 实验配方

原材料	配方A/phr	配方B/phr
聚丙烯	75	50
乙烯辛烯共聚物	25	50
滑石粉	20	20

3. 工艺条件

200℃，先加PP/POE至扭矩曲线平衡，再加滑石粉，混合均匀后出料。

200℃压制2mm试片，热压再冷压，裁哑铃状样条，备拉伸实验用。

拓展实验：不同温度、不同转速对性能的影响。

4. 操作步骤

（1）称量：按照上面所列配方比例准确称量，加入试样的质量按下式计算：

$$m = \rho(V - V_r) \times 0.69 = \rho \times 70 \times 0.69$$

式中，ρ为混合料的密度，g·cm^{-3}；V为密炼室的体积，cm³；V_r为转子的体积，cm³。为便于对试样的测试结果进行比较，每次应称取相同质量的试样。

（2）合上总电源开关，打开转矩流变仪上的开关（这时手动面板上STOP和PROGRAM指示灯亮），开启计算机。

（3）10min后按下手动面板上的START，这时START上的指示灯变亮。

（4）双击计算机桌面的转矩流变仪应用软件图标，然后按照一系列的操作步骤（由实验教师对照计算机向学生讲解完成），通过这些操作，完成实验所需温度、转子转速及时间的设定。

（5）当达到实验所设定的温度并稳定10min后，开始进行实验。先对扭矩进行校正，并观察转子是否旋转，转子不旋转不能进行下面的实验，当转子旋转正常时，才可进行下一步实验。

（6）点击开始实验快捷键，将原料加入密炼机中，并将压杆放下锁紧。

（7）实验时仔细观察扭矩和熔体温度随时间的变化曲线。

（8）到达实验时间，密炼机会自动停止，或点击结束实验快捷键可随时结束实验。

（9）提升压杆，依次打开密炼机二块动板，卸料备用。

（10）卸下两个转子，并分别进行清理，准备下一次实验用。

（11）用混合好的物料热压2mm厚试片，裁成哑铃状样条，备拉伸实验用。

5. 数据处理

取各个配方典型的流变曲线，画图比较两条流变曲线，分析流变特性及加工性能的差异。

【思考题】

1. 用转矩流变仪做混合实验，对同一个配方来说，可变工艺条件有哪些？如何保证结果的可靠性或可重复性？

2. 加料顺序和加料时机对混合效果有什么影响？

3. 用转矩流变仪测试的数据，如何指导放大生产的工艺条件选择？

实验 29　毛细管流变仪测定聚合物熔体流变行为

【实验目的】

1. 了解毛细管流变仪的基本原理,并掌握毛细管流变仪的使用方法。
2. 巩固聚合物加工流变学的基础知识,明确表观黏度、剪切应力和剪切速率的关系以及流动指数的意义。
3. 了解流动活化能的意义并掌握其测定方法。

【实验原理】

高分子熔体流变行为的测定,对聚合物的加工性能而言非常重要。在现有测定高分子熔体流变行为的方法中,毛细管流变仪是普遍采用的方法之一。它装料容易,试样温度和剪切速率容易调节,可以在接近挤出和注射成型的广阔的剪切应力和剪切速率范围内考察材料的流变行为(如测试零剪切黏度),同时可以直接观察挤出物外观,通过改变长径比来研究熔体的弹性和不稳定流动(包括熔体破裂)现象。灵活运用毛细管流变仪,还可以观察聚合物的温度-形变曲线,了解聚合物的力学状态变化和相变等,从而可以研究结构、性能和流变行为的关系,同时为制定合理的加工工艺、正确选择聚合物的加工成型机械提供依据。因此,这是作为高分子专业必须掌握的实验手段之一。

一般来说,毛细管流变仪比旋转流变仪更常用于测定高剪切速率下熔体特性,以及在典型的加工条件下测定流变性能,尤其重要的是测定高拉伸速率下的拉伸(伸长)特征,特别是测定生产线上的拉伸速率的能力远高于其他技术,但是,毛细管流变仪也有缺点,就是距毛细管轴线不同距离处的剪切应力和剪切速率不同,实验数据的处理比较麻烦,需要做各种修正。为此,需要提供不同长径比的毛细管。

毛细管流变仪的核心是一个温度可控的料桶,上面有一个或多个精密的小孔,孔在出口的位置装有毛细管口模。熔体压力传感器安装在口模的正上方,用于检测当聚合物熔体按设定的流动速度从口模中挤出时的压降。使用毛细管口模和"孔"或"零长度"口模,可以测定聚合物的剪切速率(拉伸速率)与剪切应力(拉伸应力)的关系。

测试基本原理:假设在一个无限长的圆形毛细管中,塑料熔体在管中的流动为一种不可压缩的黏性流体的层流流动,毛细管两端的压力差 Δp,由于流体具有黏性,它必然受到管壁与流动方向相反的作用力,根据平衡原理推导可得出管壁处剪切应力和剪切速率与压力、熔体流率的关系。

1. 剪切应力和剪切速率的测定

根据毛细管中熔体流动力的平衡原理,在毛细管壁处有

$$剪切应力\qquad \tau_w = (\Delta p R)/2L \tag{1}$$

$$剪切速率\qquad \gamma_w = 4Q/\pi R^3 \tag{2}$$

式中，τ_w 为剪切应力，MPa（1kg·cm^{-2} = 0.1MPa）；γ_w 为剪切速率，s^{-1}；Δp 为毛细管两端压力差，MPa；R 为毛细管半径，cm；L 为毛细管长度，cm；Q 为流量，cm·s^{-1}，Q = 料筒横截面积×流动速率 = $\Delta h / \Delta t$。

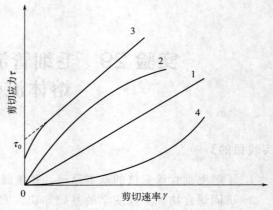

图 7.18　几种典型的流动速率曲线
1—牛顿流体；2—假塑性流体；
3—宾哈流体；4—胀塑性流体

2. 流动指数 n 的测定

绝大多数高分子材料，在广阔的剪切速率范围内遵从 Ostwald-Dewaele 提出的幂律流体规律：

$$\tau_w = K(\gamma_w')^n \tag{3}$$

上式中，流动指数 n 表征流动类型，$n=1$ 为牛顿流体；$n>1$ 为胀塑性流体；$n<1$ 假塑性流体。几种典型的流动速率曲线见图 7.18，牛顿流体的流动黏度不随剪切应力变化而改变；而其他两种流动类型，表观黏度随剪切应力变化而变化。

绝大多数高分子熔体和浓溶液是假塑性流体，其流动指数大于 1。随着 γ 的增加，表观黏度降低，为熔融加工和涂料涂布提供了方便，强烈的假塑性常常称为触变性，涂料往往要求强的触变性。

对式（3）取对数：

$$\lg\tau_w = \lg K + n\lg\gamma_w' \tag{4}$$

因此，流动指数 n 可按如下方法求得。

（1）作图法

以 $\lg\tau_w$ 为纵坐标，$\lg\gamma_w'$ 为横坐标作图，其直线的斜率即为流动指数 n。此法简单迅速。

（2）最小二乘法

采用最小二乘法对 $\lg K$ 和 $\lg\gamma_w'$ 进行一元线性回归求得。该方法结果准确、可靠，并可得到相关系数，但计算比较复杂。

3. 表观黏度的计算

为了准确地反映聚合物的黏度，根据流变学的基本理论，公式需要作如下修正。

（1）用 Rabinowitsch 方程对非牛顿流体的毛细管壁处的切变速率进行修正

非牛顿流体的剪切速率
$$\gamma_w = \frac{3n+1}{4n}\gamma_w' \tag{5}$$

这里

$$n = \frac{\mathrm{d}\ln\tau_w}{\mathrm{d}\ln\gamma_w'} \tag{6}$$

γ_w' 为按式（2）计算的剪切速率。

对于非牛顿流体，如果它符合幂律，即 $\tau_w = K(\gamma_w')^n$，则 n 为常数；反之，n 是切变速率的函数。

（2）Bagley 校正

聚合物熔体在毛细管入口处的黏性和线性效应的影响，相当于使毛细管的有效长度比它

的实际长度长，进行此项校正后，式（1）变为

$$\tau_w = \frac{\Delta p \cdot R}{2(L + eR)} \quad (7)$$

式中，e 为 Bagley 修正因子。

可以用不同 L/R 的毛细管测量 Δp。在不同 γ 下，以 Δp 对 L/R 作图，各得一条直线，延长这些直线均与横坐标轴（L/R 轴）相交于一点，表示 Δp 为零，即无入口黏弹性影响时的情况，该点的横坐标绝对值即为 e 值，如图 7.19 所示。

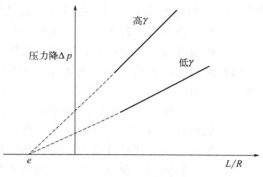

图 7.19 毛细管流变仪的 Bagley 校正

一般来说，e 值可高达直径的 $5 \sim 10$ 倍，因此只有当长径比相对于 L/R 足够大时，才可以忽略入口压力降的影响。

4. 黏流活化能的测定

一般高分子材料表观黏度和温度的关系可以简单地用 Arrhenius 方程表示：

$$\eta = A \exp(E_a / RT) \quad (8)$$

对式（8）两边取对数，得式（9）

$$\lg \eta = \lg A + E_a / 2.303RT \quad (9)$$

式中，A 为频率因子；E_a 为黏流活化能；T 为开尔文温度；R 为气体常数。

利用式（9），采用作图法和最小二乘法，可以求得黏流活化能 E_a。

一般来说，黏流活化能 E_a 反映了聚合物熔体的黏度随温度变化的幅度，也意味着使一个分子克服了周围分子对它的作用力以使其更换位置所需的能量。因此，大分子链越刚硬、极性越大，E_a 越大；反之，E_a 越小。一般 PVC、PC 的黏流活化能为 $80 \sim 170 kJ \cdot mol^{-1}$，橡胶的活化能很小。这里，值得注意的是恒剪切速率下的黏流活化能还是恒剪切应力下的黏流活化能，两者是不同的。需要注意为什么使用外推到零剪切速率下求出的活化能。

【实验仪器和试样】

仪器　美国 Instron 公司 4467 型毛细管流变仪。

主要仪器参数如下所示：

应力传感器：30kN

口模 L/D：40/1

柱塞速率：$0.01 \sim 500 mm \cdot min^{-1}$

测试温度：$50 \sim 400℃$

试样　各种熔融指数的 PP、PE 粒子。

【仪器操作规程】

1. 开机

（1）在开机之前，必须检查流变仪线路是否接好。

（2）先打开流变仪开关，然后打开控制软件面板。

2. 实验部分

（1）开始实验前，必须先在操作面板中设定好各项条件（活塞的最大行程必须小于总行

程的 95%，以免在实验过程中损坏压力传感器的探头）。

（2）操作者不得擅自改变测试模式，如确实需要，可在专人指导下进行。

（3）设定温度未到时严禁往料筒中加料，以免损伤压力传感器。

（4）加料前，必须先将毛细管装上（左侧所选的一定长径比的毛细管，右侧为相应的长径比为零的 Bagley 校正毛细管）。

（5）安装毛细管时，必须涂少量的润滑剂以便于拆卸。

（6）加料时，活塞的位置必须在最高位（上限位红灯亮）。

（7）每次在换完样品或做完实验时都必须及时清理干净毛细管和料筒。

（8）在实验操作过程中必须戴上隔热手套，以免烫伤。

（9）实验过程中严禁抬起防护玻璃门。

3. 关机

（1）做完实验后，必须将仪器清理干净后方可关机。关机顺序为先关流变仪，再关软件。

（2）离开实验室前检查水电是否关好。

【实验内容】

1. 试样处理

试样在测定流动曲线前先进行真空干燥 2h 以上，以除去水分及其他挥发性杂质。

2. 流动速率曲线的测定

选择适当长径比的毛细管，从料筒下面旋上料筒中，并从料筒上面放进柱塞；温度分别选择 140℃、150℃、160℃ 和 170℃。

待温度稳定后，从料筒中取出柱基，放入约 2g 试样，放进柱基，并使压头压紧柱塞。恒温 10min 后加压，记录流变速率曲线。

在每个温度下，选择四个不同的载荷，重复上述操作。每个温度共做 5～6 个不同负荷下的流变速率曲线。改变温度，重复上述操作。

实验结束后，停止加热。趁热卸下毛细管，并用绸布擦拭干净毛细管及料筒。

3. 数据处理

（1）列表求出载荷、剪切应力、流量 Q 即剪切速率，并在表中注明长径比、实验条件。

（2）绘制流动曲线。

① 绘制 $\lg\tau_w$-$\lg\gamma_w$ 曲线。

② 分别采用作图法和最小二乘法求出流动指数 n，并从曲线的形状讨论聚合物试样的流动类型（注意：图上应标明测试温度及所用毛细管的长径比）。

③ 在各种温度的 $\lg\tau_w$-$\lg\gamma_w$ 曲线图中，选定某一剪切应力或剪切速率，求出不同温度下的表观黏度；按式（9）分别用作图法和最小二乘法求出活化能 E_a，并与文献值比较。

【思考题】

1. 影响表观黏度测定的准确性的因素有哪些？

2. 长径比 L/D 对试验结果有什么影响？

3. 活化能的测定意义是什么？其大小如何影响加工条件的选择？

4. 为什么要进行校正？

实验 30　密度梯度管法测定聚合物的密度和结晶度

【实验目的】

1. 掌握密度梯度管法测定聚合物密度和结晶度的基本原理。
2. 用密度梯度管法测定聚合物的密度，并由密度计算结晶度。

【实验原理】

聚合物密度是聚合物物理性质的一个重要指标，是判定聚合物产物，指导成型加工和探索聚集态结构与性能之间关系的一个重要数据。尤其是结晶性聚合物，结晶度是聚合物性质中很重要的指标，密度与表征内部结构规则程度的结晶度有密切的关系。因此，通过聚合物密度和结晶度的测定，可研究结构状态进而控制材料的性质。

聚合物结晶度的测定方法很多，有 X 射线衍射法、红外吸收光谱法、差热分析法、反相色谱法等，但这些方法都需要复杂的仪器设备，而运用密度与结晶度的关系，先测出聚合物的密度，进而换算到结晶度是一种比较常见且相对简单的方法。

结晶性聚合物是一种晶区和非晶区以不同比例两相共存的聚合物，而晶体和非晶体的密度不同，晶区密度高于非晶区密度，因此同一聚合物由于结晶度不同，样品的密度不同，如果采用两相结合模型，并假定比容具有加和性，即结晶聚合物试样的比容（密度的倒数）等于晶区和非晶区比容的线性加和，则有：

$$\frac{1}{\rho}=\frac{1}{\rho_c}f_c+\frac{1}{\rho_a}(1-f_c) \tag{1}$$

式中，f_c 为结晶度（即聚合物中结晶部分的质量百分数）；ρ_c 为被测聚合物完全结晶（即 100%结晶）时的密度；ρ_a 为被测聚合物完全不结晶（无定形）时的密度。

从测得的高聚物试样密度 ρ 可算出结晶度：

$$f_c=\frac{\rho_c(\rho-\rho_a)}{\rho(\rho_c-\rho_a)}\times100\% \tag{2}$$

测试密度可以用密度梯度管法，密度梯度管法是利用悬浮原理测定聚合物密度的常用方法，具有设备简单、操作容易、应用灵活、准确快速、能同时测定在一个相当范围内的不同密度试样的优点。对于密度相差极小的试样，更是一种有效的高灵敏度的测定方法。

密度梯度管法试样的配制相对简单，通常有三种方法：

（1）两段扩散法。先把重液倒入梯度管的下半段，再将轻液非常缓慢地沿管壁倒入管内上半段，两段液体间应有清晰的界面，切勿使液体冲流造成过度的混合。然后用一根长的搅拌棒轻轻插入两段液体的界面旋转搅拌 10s 至界面消失。梯度管盖上磨口塞后平移入恒温槽中，梯度管内液面应低于槽内水的液面。恒温放置约 24h 后，梯度即稳定，可以使用。这种方法形成梯度的扩散过程较长，而且密度梯度的分布呈反"S"形曲线，两段弯曲，只有中间的一段直线才是有效的梯度范围。

（2）分段添加法。选用两种能达到所需密度范围的液体配成密度有一定差值的四种或更多种混合液，然后依次由重到轻取等体积的各种混合液，小心缓慢加入管中，按上述搅拌方式使每层液体间的界面消失，亦可不加搅拌。恒温放置数小时后梯度管即可稳定。

（3）连续注入法。如图 7.20 所示，将两个同样大小的玻璃圆筒连接，A 装轻液，B 装重液，B 管下部有搅拌子在搅拌，初始流入梯度管的是重液，开始流动后 B 管的密度就慢慢变化，显然梯度管中液体密度变化与 B 管的变化是一致的。

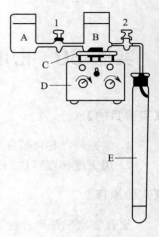

图 7.20 连续注入法制备
密度梯度管的示意图
A—轻液容器；B—重液容器；
C—搅拌子；D—搅拌器；
E—梯度管；1，2—活塞

在聚合物测定之前，先进行密度梯度管的校正。将已知密度的一组玻璃小球按密度由大至小依次投入管内，平衡后用测高仪测定小球悬浮在管内的重心高度，然后做出小球密度对小球高度的曲线，校验之后梯度管中的任何一点的密度都可以从标定曲线上查得。实验中，已知密度的一组玻璃浮标 8 个，每隔 15min 记录一次高度，在两次之间各个浮标的位置读数相差在 ±0.1mm 时，就可以认为浮标已经达到平衡位置。

目前，测试密度也可以用玻璃浮计。玻璃浮计（图 7.21）是一种常用的密度测量工具，由玻璃制成。其主要结构包括玻璃管、浮子、阻尼环、连接件等，浮子内装有液体，浮子上有刻度尺，浮子在液体中上下浮动，浮子上的刻度尺反映变化的物理量。玻璃浮计的工作原理是阿基米德原理，即物体在液体中所受的浮力与所排开的液体体积成正比。当玻璃浮计浮在液体中时，其所受的浮力与重力相等，此时可以通过表盘上的刻度读取液体的密度。在测试聚合物密度之前，先选用不同密度的可以互相混溶的两种液体，配制成一系列等差密度混合液，按低密度（轻液）居上，高密度（重液）居下的层次，将玻璃浮计垂直放入混合液中，如果玻璃浮计在溶液中呈悬浮状态，则此时玻璃浮计与液面齐平时的读数即此时溶液的密度。将待测试样放入液体中，呈现悬浮状态，此时溶液的密度即样品的密度。

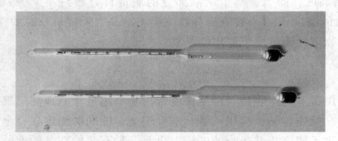

图 7.21 不同标度的玻璃浮计

【实验仪器和试剂】

仪器　恒温水浴、密度梯度管、250mL 量筒。
试剂　无水乙醇、蒸馏水、聚乙烯（片状样品）。

【实验步骤】

1. 配制不同的溶液

本实验可选择乙醇-水体系或乙醇-四氯化碳体系，对于高压聚乙烯、低压聚乙烯、等规聚丙烯均适用。配制体积比不同的混合溶液体系，用密度管标定（玻璃浮标达到平衡）。

2. 测定聚合物密度

取准备好的样品（聚乙烯）先用轻液浸润试样，避免附着气泡，然后轻轻放入量筒中，能够悬浮在溶液的样品的密度等于溶液的密度。

3. 计算结晶度

根据结晶度与密度的关系，可以计算聚合物的结晶度

$$f_c = \frac{\rho_c(\rho - \rho_a)}{\rho(\rho_c - \rho_a)} \times 100\%$$

高密度聚乙烯：晶区密度 $\rho_c = 1.014$；非晶区密度 $\rho_a = 0.854$。

【思考题】

1. 密度法计算结晶度的原理是什么？
2. 影响密度梯度管精确度的因素有哪些？
3. 测定聚合物结晶度的方法有哪些？为什么不同测定方法测得的聚合物结晶度不能相互比较？

实验 31　小角激光光散射图像仪测定聚合物球晶尺寸

【实验目的】

用小角激光光散射法研究聚合物的球晶，并了解有关原理。

【实验原理】

小角激光光散射是 20 世纪 60 年代发展起来的高分子结构分析方法，用来研究聚合物薄膜、纤维中的结构形态及其拉伸取向、热处理过程结构形态的变化、液晶的相态转变等，其适合研究结晶性高分子的亚微观结构（100nm～100μm），弥补了光学显微镜的不足。根据光散射理论，当光波进入物体时，在光波电场作用下，物体产生极化现象，出现由外电场诱导而形成的偶极矩。光波电场是一个随时间变化的量，因而诱导偶极矩也就随时间变化而形成一个电磁波的辐射源，由此产生散射光。光波在物体中的散射，可分为瑞利（Rayleigh）散射，拉曼（Raman）散射和布里渊（Brillouin）散射等。小角激光光散射（SALS）方法是可见光的瑞利散射，它是由于物体内极化率或折射率的不均一性引起的弹性散射，即散射光的频率与入射光的频率完全相同（拉曼散射和布里渊散射都涉及频率的改变）。SALS 法原理如图 7.22 所示。当一束单色性及准直性很好的激光光束穿过起偏振器照射到聚合物样品时，由于样品内密度和极化率的不均一性而引起的光的散射。图中的 θ 角为入射光方向与被样品散射的散射光方向之间的夹角，简称为散射角，μ 角为散射光方向在底片平面上的投影与 Z 轴方向的夹角，简称方位角。

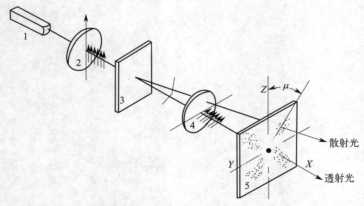

图 7.22　SALS 法原理示意图

1—激光器光源；2—起偏振片；3—样品；4—检偏振片；5—底片

当起偏镜与检偏镜的偏振方向均为垂直方向时，得到的光散射图样叫作 V_v 散射，当两偏光镜正交时，得到的光散射图叫作 H_v 散射。根据瑞利光散射理论，计算高分子材料的光散射强度时可以采用"模型法"和"统计法"两种。在此，我们简单介绍一下"模型法"理论。我们可以把聚合物的球晶看作均匀的各向异性的圆球，考虑光与圆球体系的相互作用，进而推导出模型参数来表示的 V_v 和 H_v 散射强度公式：

$$I_{V_v} = AV_0^2 \left(\frac{3}{U^3}\right)^2 \left[(a_i - a_s)(2\sin U - U\cos U - SiU) + (a_r - a_s)(SiU - \sin U)\right.$$

$$\left. + (a_r - a_i)\cos^2\frac{\theta}{2}\cos^2\mu \times (4\sin U - U\cos U - 3SiU)\right]^2 \tag{1}$$

$$I_{H_v} = AV_0^2 \left(\frac{3}{U^3}\right)^2 \left[(a_i - a_r)\cos^2\frac{\theta}{2}\sin\mu\cos\mu \times (4\sin U - U\cos U - 3SiU)\right]^2 \tag{2}$$

式中，I 为散射光强度；V_0 为球晶体积；a_i 和 a_r 分别为球晶在切向和径向的极化率；a_s 为环境介质的极化率；θ 为散射角；μ 为方位角；A 为比例常数；U 为形状因子，SiU 为一正弦积分，定义为 $SiU = \int_0^U \frac{\sin x}{x}dx$。对于半径为 R_0 的球晶：

$$U = \left(\frac{4\pi R_0}{\lambda'}\right)\sin\left(\frac{\theta'}{2}\right) \tag{3}$$

式中，λ' 和 θ' 分别为光在聚合物中的波长和散射角。

从公式（1）和公式（2）可以看出 V_v 散射强度与 $(a_i - a_s)$、$(a_r - a_s)$、$(a_r - a_i)$ 三项都有关；H_v 散射强度只与球晶的光学各向异性项 $(a_i - a_r)$ 有关，而与周围介质无关，并且 H_v 散射强度以 $\cos\mu\sin\mu$ 的形式随方位角 μ 而变化。当 $\mu = 0°$、$90°$、$180°$、$270°$，$\cos\mu\sin\mu = 0$，$I_{H_v} = 0$，而当 $\mu = 45°$、$135°$、$225°$、$315°$ 时，$\cos\mu\sin\mu$ 有极大值，散射强度也有极大值，这就是 H_v 图呈四叶瓣的原因。在叶瓣中间，光强的分布随 θ 角而变化。对于某一固定的方位角 μ 而言，式（1）中 V_0、$(a_i - a_r)$、$\cos\mu$、$\sin\mu$ 均为常数，从而 H_v 出现极大值的 U 值为 4.09，即

$$U_{max} = \frac{4\pi R}{\lambda}\sin\left(\frac{\theta_m}{2}\right) = 4.09 \tag{4}$$

所以

$$R = \frac{4.09\lambda}{4\pi\sin\left(\frac{\theta_m}{2}\right)} \tag{5}$$

式中，R 为球晶半径，λ 为光波波长，θ_m 为入射光与最强的散射光之间的夹角，利用式（5）可以计算球晶体大小。$\theta_m = \text{arctg}(d/L)$，$d$ 为 H_v 图中心到最大散射强度位置的距离，L 为样品到底片中心的距离，d 和 L 的值都可由实验测得。如果用氦氖激光器作光源，$\lambda = 632.8\text{nm}$，并考虑到测得的球晶半径为一个平均值，用 R_0 表示，则：

$$R_0 = \frac{0.206}{\sin\left(\frac{\theta_m}{2}\right)}(\mu m) \tag{6}$$

【实验仪器】

LS-1 型小角激光光散射仪（图 7.23）。

光源系统：氦-氖气体激光器（激光波长为 632.8nm）。

偏振系统：包括起偏镜和检偏镜。检偏镜是固定的，起偏镜可以转动，并有刻度盘指示所转动的角度。

样品台系统：依靠立式导轨及行程手轮作上下移动。必须注意，在用加热台时，不得将样品台移得太高以免烧坏检偏镜。从行程标尺可读出（经校正）样品与照相底片的距离。

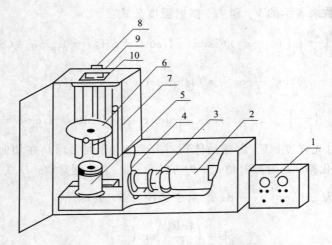

图 7.23　LS-1 型小角激光光散射仪的内部结构

1—激光器电源；2—激光器保护套，里面为激光器；3—照相快门；4—快门线；

5—起偏镜，下部套筒内为反射棱镜；6—样品台；7—样品台行程标尺；

8—样品台行程手轮；9—毛玻璃；10—单页暗盒插座

【实验步骤】

（1）聚丙烯晶体样品的制备。将载玻片放在电炉上（200℃），放少许聚丙烯粉末样品于载玻片上，待样品熔化后，用盖玻片盖上并用砝码压匀样品，使样品膜薄而无气泡（样品的厚薄对实验的效果有较大的影响。样品太厚时，透射光和散射光太弱，而且会因多次散射效应使散射图像变得弥散。所谓多次散射，是由入射光引起的散射光又在散射体内引起二次散射）。熔化 20min 后，迅速投入恒温水浴中，恒温结晶 30min。水浴温度分别为室温、40℃、50℃、60℃、70℃、80℃。

（2）开启小角激光光散射仪的激光电源。调节电流输出旋钮以保证激光光束稳定。调节光路使光束射在样品上。

（3）将样品置于样品台上，调节正交状态，放上观察用的毛玻璃，调节样品台高度，使散射图像 H_v 清晰。

【思考题】

1. 为什么球晶半径越小，散射图形越大？

2. 试估计本方法可测的球晶尺寸范围。

3. 你还知道小角激光光散射的哪些应用？

实验 32　质谱 MALDI-TOF 的高分子测试

【实验目的】

1. 了解 MALDI-TOF MS 的基本原理。
2. 了解 MALDI-TOF MS 的使用方法。

【实验原理】

质谱是在气相条件下测量分子质荷比的技术，其基本原理是使试样中各组分在离子源中发生电离，生成不同质荷比（m/z）的离子，这些离子经加速电场的作用形成离子束，进入质量分析器；在质量分析器中，再利用电场或磁场使其发生相反的速度色散，将它们分别聚焦而得到谱图，从而确定其质量。基质辅助激光解析电离飞行时间质谱（matrix assisted laser desorption ionization time of flight mass spectrometry，MALDI-TOF MS）仪器主要由离子源、质量分析器和检测器构成（图 7.24）。

图 7.24　质谱仪的构成

基质辅助激光解析电离原理如图 7.25 所示：

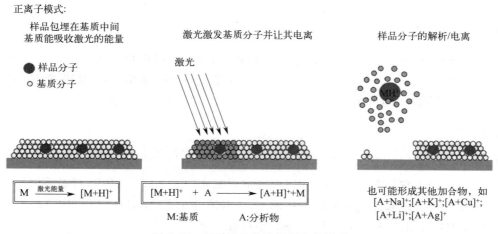

图 7.25　基质辅助激光解析电离原理

基质对分析物起着溶剂的作用，它能把分析物分子彼此分离开，从而减少了分子间的很强的相互作用力，使分析物簇群形成的可能性减至最小；当激光脉冲照射时，由于基质浓度远高于分析物浓度，能确保激光能量大部分被基质吸收而最小限度地直接照射分析物。基质分子吸收的能量转变成固体混合物内基质的电子激发能，瞬间使其由固态转变成气态，形成基质离子。中性分析物和激发出的基质离子、质子及金属阳离子之间相互碰撞，使得分析物离子化，因此产生了质子化分子或阳离子化分子。

这个过程不会导致高分子发生链断裂，通常只生成分子离子及分子离子的多聚体。离子化后的分子被电场加速后进入飞行时间质量分析器而被检测。

飞行时间基本原理如图 7.26 所示：

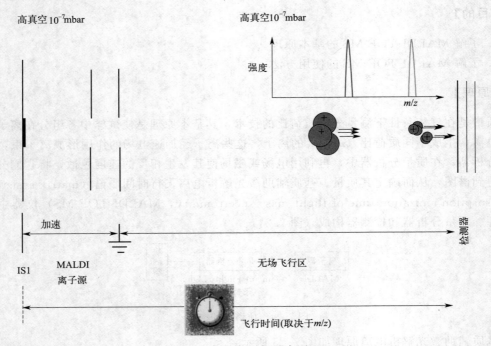

图 7.26　飞行时间基本原理

【实验仪器和试剂】

仪器　德国 Bruker 公司 autoflex speed TOF/TOF MALDI-TOF MS。

试剂　聚乙二醇（PEG）、反式-2-[3-(4-叔丁基苯基)-2-甲基-2-亚丙烯基]丙二腈（DCTB）、二氯甲烷（DCM）。

【实验步骤】

1. 制样

（1）称取 2mg 左右 PEG 样品，用 DCM 溶剂配成 $5mg \cdot mL^{-1}$ PEG 样品溶液。

（2）用移液枪移取 $5mg \cdot mL^{-1}$ PEG 样品溶液 $5\mu L$，$10mg \cdot mL^{-1}$ DCTB 基质溶液（溶剂为 DCM）$25\mu L$，加入到一个 0.5mL 小离心管里。

（3）将该离心管放在漩涡仪上混匀 2min。

（4）取 $1\mu L$ 混匀后的溶液点在靶板上。

（5）等待点的样品里的溶剂完全挥发。

2. 操作步骤

（1）按仪器面板上 load 键，待靶仓出来后将靶板放在靶仓上，按 load 键进靶。待电脑软件 Flexcontrol 右下角上显示绿色的 in，则靶板完全进入仪器。

（2）查看 status-details-vacuum，等待三个真空度都变绿色。

（3）用多肽标准品在质荷比 600～3500 之间校正分子量，使误差小于 1×10^{-5}。

（4）选中待测样品所在的靶位，点 Detection 使待测样品的分子量范围为 800～2200。样品上随机选择一个位置，设置一个激光能量值（先从低设置，后面可以逐渐升高），点 start，则激光打在该点及周围，若出现目标峰，则点 add，直到累加至信号值为 3000～5000。保存文件。

（5）点 Load last saved spectrum into post processing application 调出 flexanalysis 软件。从 Mast list 中选 Find 标出峰值，然后选 file-export-mass spectrum 保存数据，file-export-graphic 保存图片。选中 annotate 标出峰差，file-export-graphic 保存图片。

（6）用 polytools 软件分析该聚合物分子量等信息。

（7）实验结束后，选择 standby.par 文件。

（8）按 load 退出靶板，按 load 靶仓回到仪器里。

3. 结果分析

① 谱图分析。

② 分析该聚合物样品的数均分子量、重均分子量、分散指数、重复结构单元分子量、末端基和分子式。

【思考题】

1. 制备样品时如何选择基质和溶剂？

2. 打靶时选择激光能量值的原则是什么？激光能量值是否可以一直升高？

实验 33　动态热机械分析（DMA）研究高分子材料

【实验目的】

1. 熟悉动态热机械分析仪（DMA）的使用方法和工作原理，了解不同样品的测试方法和手段。
2. 通过聚合物储能模量、损耗模量与温度关系曲线的测定，了解聚合物不同的热力学状态。
3. 掌握玻璃化转变温度 T_g 的求取并根据测试曲线得出一些结论，分析材料的热力学性质。

【实验原理】

动态热机械分析（dynamic thermomechanical analysis，DMA，又称动态力学分析）是研究物质的结构及其化学与物理性质最常用的物理方法之一，是在程序控温下，测试物质在振荡负荷下的动态模量或阻尼随时间、频率变化的一种技术，它通过高分子的分子结构及运动状态来表征材料的特性，DMA 能同时能提供聚合物材料的弹性性能与黏性性能；提供材料因物理与化学变化所引起的黏弹性变化及热膨胀性质；提供材料在所测试频率范围内的阻尼特性等。主要用于评价材料结构总的力学行为、聚合物材料的使用性能、材料的耐热性与耐寒性，研究材料结构与性能的关系，研究聚合物的相互作用，表征聚合物的共混相容性，研究聚合物的热转变行为等。

动态力学是指物质在交变载荷或振动力的作用下发生的松弛行为，而 DMA 就是在程序升温条件下研究这种行为的方法。聚合物是一种黏弹性物质（兼具黏性和弹性体系的特点，外力作用所产生的变形部分可恢复，外力所做的功一部分以势能储存，另一部分以热能被消耗），因此在交变力的作用下其弹性部分及黏性部分均有各自的反应，而这种反应又随温度的变化而改变。聚合物的动态力学行为能模拟实际使用情况，而且它对玻璃化转变、结晶、交联、相分离以及分子链的运动都十分敏感，所以 DMA 是研究聚合物分子运动行为极有用的方法。

如果施加在试样上的交变应力为 σ，则产生的应变为 ε，由于聚合物黏弹性的关系，其应变将滞后于应力，则 ε、σ 分别以下式表示：

$$\varepsilon = \varepsilon_0 \exp(i\omega t)$$
$$\sigma = \sigma_0 \exp i(\omega t + \delta)$$

式中，ε_0、σ_0 分别为最大振幅的应变和应力；ω 为交变力的角频率；δ 为滞后相位角，$i = -1$，此时复数模量：

$$E^* = \sigma / \varepsilon = \sigma_0 / \varepsilon_0 \exp i\delta = \sigma_0 / \varepsilon_0 (\cos\delta + i\sin\delta) = E' + iE''$$

其中 $E' = (\sigma_0 / \varepsilon_0) \cos\delta$，为实数模量，即模量的储能部分，而 $E'' = (\sigma_0 / \varepsilon_0) \sin\delta$，表示与应变相差 $\pi/2$ 的虚数模量，是能量的损耗部分（图 7.27）。此外，可以用内耗因子或损失角正切 $\tan\delta$ 来表示损耗，即 $\tan\delta = E''/E'$（或 $\tan\delta = G''/G'$，G 为剪切模量）。

在程序升温时可以测定高聚物 E''、E' 和 $\tan\delta$ 值，可以得到如图 7.28 所示的动态力学-温度谱（动态热机械分析图谱）。从图中看到实数模量呈阶梯状下降，而在阶梯状下降相对

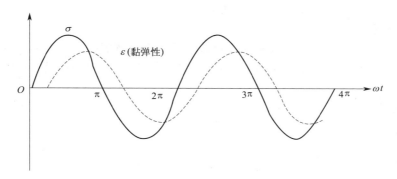

图 7.27　黏弹性物质在正弦交变载荷下的应力应变响应

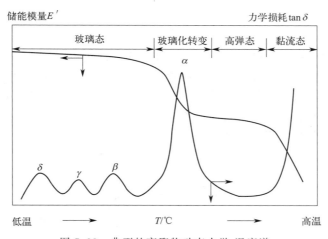

图 7.28　典型的高聚物动态力学-温度谱

应的温度区，E'' 和 $\tan\delta$ 则出现高峰，表明在这些温度区聚合物分子运动发生某种转变，其中对非晶态聚合物而言，最主要的转变是玻璃化转变 T_g，所以模量明显下降，同时分子链段克服环境黏性运动而消耗能量，从而出现与损耗有关的 E'' 和 $\tan\delta$ 峰。为了方便起见，将 T_g 以下（包括 T_g）所出现的峰按温度由高到低分别以 α、β、γ、δ、ε……命名。

【实验仪器】

DMAQ800 是基于 CMT（驱动器与传感一体化）技术设计的，其利用非接触式线性驱动技术确保了精准的应力控制，如图 7.29 所示。驱动轴靠八个多孔碳结构空气轴承支撑对样品施加力，采用空气轴承可以减小系统摩擦，同时不依靠步阶马达，样品可在 25mm 范围内运动，另外配备的光学编码器测量样品的应变，大大提高了灵敏度和精确度。DMA 工作原理——强迫非共振法：①试样分别与驱动器、应变位移传感器相连接；②驱动器将一定频率的正弦交变作用施加到试样上；③由应变位移传感器检测出应变的正弦信号；④通过应力振幅与应变振幅的位置比较，得到应力与应变的相位差；⑤经过仪器的自动处理，

图 7.29　美国 TA 公司的 DMAQ800

得到储能模量 E'、损耗模量 E''、力学损耗 $\tan\delta$。

主要技术指标：

① 操作模式：多重应力、应变和频率模式，具有直接测定样品的力传感器和位传感器。

② 夹具类型：单、双悬臂梁夹具、三点弯曲夹具、剪切三明治夹具、压缩/针入模式夹具、拉伸夹具。

③ 频率范围：$0.001 \sim 200\,\mathrm{Hz}$。

④ 温度范围：$-150 \sim 500\,℃$。

⑤ 受力范围：$0.005 \sim 18\,\mathrm{N}$。

⑥ $\tan\delta$ 范围：$0.0001 \sim 100$。

⑦ 刚度范围：$10 \sim 108\,\mathrm{N\cdot m^{-1}}$。

⑧ 仪器操作系统和分析系统均由计算机控制，配备专业的 DMA 分析软件。

【实验内容】

对样品进行 DMA 的温度谱测试，使用拉伸模式。操作步骤如下：

(1) 先打开仪器电源，打开电脑，开启软件。打开空压机，使压力变为 60psi。

(2) 打开炉盖，将裁剪好的样品装入夹具中，锁住样品，之后关闭炉子。

(3) 输入样品参数、运行模式之后，点击 start 等待运行。

(4) 测试完毕，等温度降至室温时，取出样品，并关闭炉子。

(5) 关闭电脑，关闭仪器。

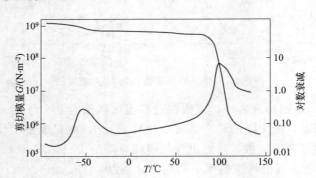

对上述图谱进行分析，并分析其热机械性能。

【思考题】

1. 除了测试样品的玻璃化转变、储能损耗模量，DMA 还可用于测试高分子材料哪些性能？

2. 在进行 DMA 测试时，频率的变化对玻璃化转变温度有什么影响？

实验 34 挤出吹塑成型工艺实验

【实验目的】

通过本实验应明确挤出成型过程的原理，挤出机及辅机（包括口模，风环）各工艺参数的作用及其对工艺过程和制品性能的影响，并了解挤出机的基本结构，掌握挤出机的基本结构，掌握挤出成型的基本操作原理及各参数的调节。

【实验原理】

螺杆挤出机是聚合物加工工业中最为重要的设备，应用极为广泛。利用螺杆挤出机进行的挤出加工具有优质、高效、连续成型的特点，用于泵送、混合、化学反应和除去聚合物系统中的易挥发成分。工业上最常见的是双螺杆挤出机（图 8.1），其转动方式可以同向，也可以异向。使用双螺杆挤出，可以生产众多的工业产品，例如高性能纤维、薄膜等，也可以生产无机粒子填充的复合物、混合物以及聚合和化学改性（如接枝）的聚合物。

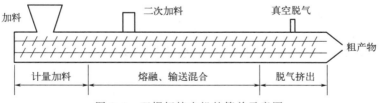

图 8.1 双螺杆挤出机的简单示意图

吹塑成型是热塑性吹塑挤出成型的典型方法之一，树脂熔体通过成型口模连续不断地被挤出，挤出的管坯由芯棒中心孔通入的压缩空气吹胀成膜，经风环冷却定型，人字板夹平，通过牵引辊并卷绕成双折树脂薄膜，吹塑成型过程包括了挤出成型的七个基本环节，即挤出、初定型、定型、冷却、牵引、收卷和切割。在此过程中，诸如原料的性质、螺杆的转速、料筒和口模的温度以及膜泡内空气的通入量，牵引速度、风环的风量大小、出风量的均匀性等，对膜泡的尺寸、均匀性、稳定性、大分子的取向和结晶过程均有影响，进而对膜制品的内在质量有显著的影响。

注意事项如下：

（1）熔体被挤出之前，操作者不得处于口模的正前方，操作过程中严防金属杂质、小工具等物落入进料口中，清理挤出设备时，只能采用铜棒、铜刀或压缩空气管等工具。切忌损伤螺杆和口模等处的光洁表面。

（2）吹胀薄膜的空气压力，既不使薄膜破裂又要能保证形成对称稳定的气管。

（3）在挤出过程中要密切注意工艺条件的稳定，不得任意波动。如发现不正常现象，应立即停车进行检查处理。

【实验仪器和原料】

仪器　树脂挤出机（SJ-30）1 台、水平吹膜机头 1 套、空气压缩机 1 台、牵引及卷取装置 1 套、鼓风机及冷却风环 1 套、性能检验仪器。

原料　聚乙烯树脂。

【实验步骤】

（1）了解聚乙烯熔融指数，初步确定挤出温度控制范围。

（2）按照挤出机操作规程，检查机器各部分的运转，加热冷却是否正常，待各段预热到要求的温度时，应对机头部分的衔接、螺栓等再次检查并趁热拧紧，保温一段时间以待加料。

（3）开动主机，在慢速运转下先少量加入树脂，并注意电流计和进料情况，待熔料挤出后，即将挤出物用手（戴上手套）慢慢引上冷却牵引装置，并开动这些附属设备，使螺杆转速逐渐向工作速度平滑上升，然后根据控制仪表的指示值和工艺条件的要求，将各部分作相应的调整以维持正常操作。

（4）观察膜泡的形状、透明度变化及挤出制品的外观质量，并记录挤出制品质量合格的最小螺杆转速及其他工艺条件，接着在一定温度下增加螺杆转速，直到从机头挤出的物料熔体流线的规律性开始破坏为止（根据制品表面光滑度破坏情况而定）。记录保持制品外观质量要求的最大许可转速，然后提高挤出温度，重复以上操作过程。记录保持制品外观质量要求的最高温度。

（5）实验完毕，逐渐减速停车立即清除机头和衬套中的残留树脂。

【结果讨论】

（1）所用挤出机的技术规范。

（2）操作工艺条件列表。

（3）由实验数据计算出薄膜的吹胀比、牵引比、产率。

（4）取样作下列性能检验。

拉伸强度；

撕裂强度；

断裂伸长率。

（5）结合试样性能检验结果，试分析产品性能与原料、工艺条件及实验设备的关系。

【思考题】

1. 影响挤出吹膜厚度均匀性的主要因素有哪些？如何影响？
2. 实验中，应从哪些控制条件来保证得到质量良好的薄膜？
3. 本实验所用的平挤吹法生产薄膜有何优缺点？

实验 35　热塑性聚合物的注射成型

【实验目的】

1. 通过实验，要求了解实验设备的基本结构、工作原理和使用方法。
2. 熟悉制备试样的操作要点，掌握工艺因素、实验设备与注射成型制品的关系。

【实验原理】

注射是将热塑性或热固性聚合物制成各种塑料制件的主要成型方式之一。

注射成型是间歇生产过程，能一次成塑出复杂、尺寸精确或带有嵌件的制件，对各种聚合物加工适应性强。几乎能加工所有热塑性聚合物和某些热固性聚合物，生产效率高，制品种类繁多。

注射成型在注射成型机上进行，成型时将聚合物（一般是粒状的）加入注射成型机的料筒内，加热熔化成为黏流状流体，然后在注射成型机的柱塞或移动螺杆快速、连续的压力下，从料筒前端的喷嘴中以很高的压力和很快的速度，注入闭合的模具内，经过一定时间的保压、冷却固化后，开模得到与模具型腔形状相应的制品。

注射成型时，聚合物除在热、力、水、氧等作用下引起高分子的化学变化之外，主要是一个物理变化过程，聚合物的流变性能、热性能、结晶行为、定向作用等因素，对注射工艺条件及制品性质都会产生很大的影响。本实验是按热塑性聚合物试样注射制备方法的基本要求，制备塑料试样，测定塑料的性能。

注射成型是指聚合物先在注射成型机的加热料筒中受热熔融，再由柱塞或往复式螺杆将熔体推挤到闭合模具的模腔中成型的一种方法。它不仅生产效率高、制品的外形尺寸公差小，而且可加工的种类多，因此，成为聚合物加工中重要的成型方法。

（1）注射成型机的基本功能

注射成型是通过注射成型机来实现的。注射成型机的基本功能如下所示：①加热聚合物，使其达到熔融状态；②对熔体施加高压，使其射出而充满模腔。

（2）注射过程/设备

热塑性聚合物的注射操作一般是由塑炼、充模、压实和冷却等组成的，所用设备是由注射成型机、模具及辅助设备（如物料干燥）等组成的。

（3）注射装置

注射装置在注射过程中主要实现塑炼、计量、注射和保压补缩等功能。螺杆式注射装置用得最多，它是将螺杆塑炼和注射用柱塞统一成一根螺杆。工作时，料斗内的聚合物靠自身的质量落入加热料筒内，通过螺杆的转动，聚合物沿螺槽向前移动，受到加热料筒外部加热器加热，同时内部还有剪切产生的热，温度升高熔融。随着加热料筒前端物料的增多，它们产生的反作用力（背压）将螺杆向后推，利用限位开关限制其后退量，当后退到一定位置时，螺杆停止转动，决定了一次的注射量。模内的物料冷却后，取出制品，再次合上模具，进入注射工序，这时，注射装置的液压缸（注射油缸）向螺杆施力，在高压下螺杆成为进料杆，将其前端的熔体从喷嘴注入模具内。

螺杆式注射装置是由螺杆、料筒、喷嘴和驱动装置等部分构成的。注射用螺杆一般分加料、压缩和计量三段，压缩比为 2～3，长径比为 16～18。当熔体从喷嘴射出去时，由于加压熔体上的注射力产生反作用力，一部分熔体会通过螺杆的螺槽逆流到后部。为防止这种现象，在螺杆的端部装上止逆阀。对于硬质聚氯乙烯，则采用锥形螺杆头。

料筒是装螺杆的容器，由耐热、耐高压的钢材制成。在料筒外有电热圈，可以加热筒内的物料，用热电偶控制温度，使物料具有适宜的温度。

喷嘴是连接料筒和模具的过渡部分，装有独立的加热圈，因为它是直接影响塑料熔融的重要部分。一般注射多采用敞开喷嘴，对于低黏度的聚酰胺，则采用针阀式喷嘴。

驱动螺杆的转动可用电动机或液压马达，螺杆的往复运动是借助液压实现的。

通过注射装置表征注射成型机的参数有：

① 注射量　指注射成型机每次注入模内的最大量，可用注射聚苯乙烯熔体的质量表示，或用注射熔体的容积表示；

② 注射压力　指在注射时施加于料筒截面上的压力；

③ 注射速度　指注射时螺杆的移动速度。

（4）合模装置

合模装置除了完成模具的开合动作之外，其主要任务是以足够的力抗冲注射到模具内的熔体的高压力，使模具锁紧，不让它张开。

合模装置无论是机械还是液压或液压机械式，应保证模具开合灵活，准时，迅速而安全。从工艺上要求，开合模具要有缓冲作用，模板的运行速度应在合模时先快后慢，而在开模时应先慢再快，防止损坏模具及制件。

在成型过程中，为了保持模具闭合而施加到模具上的力称为合模力，其值应大于模腔压力与制件投影面积（包括分流道）之积。模腔内的平均压力一般在 20～45MPa 之间。

由于合模力间接反映出注射成型机成型制品面积的大小，所以，常用注射成型机的最大合模力来表示注射成型机的规格，但合模力与注射量之间也存在一个大致的比例关系。可是，合模力表示法并不能直接反映注射制品体积的大小，使用起来还不方便。国际上许多厂家采用合模力/当量注射容积表示注射成型机的规格，对于注射容积，为了对于不同机器都有一个共同的比较标准，特规定注射压力为 100MPa 时的理论注射容积，即

$$当量注射容积＝理论注射容积×额定注射压力/100MPa$$

注意事项：

（1）电器控制线路的电压维持在 220V；

（2）在闭合动模、定模时，应保持模具方位的整体一致性。避免错合损坏；

（3）安装模具的螺检、压板、垫铁应适用、牢靠；

（4）禁止料筒温度在未达到规定要求时进行预塑或注射动作，手动操作方式在注射保压时间未结束时不得开动预塑；

（5）主机运转时，严禁手臂及工具等硬质物品进入料斗内；

（6）喷嘴阻塞时，忌用增压的办法清除阻塞物；

（7）严禁用硬金属工具接触模具型腔；

（8）压力表要在指示值为 0 时及时关闭，不应任意调整油泵溢流阀，顺序阀的压力；

（9）严防人体触动有关电器，使设备出现意外动作，造成设备、人身事故。

【实验仪器和原料】

仪器　宁波海天机械有限公司 HTB110X/1 型注射成型机 1 台、试样模具（长条、圆片、哑铃）1 组、模具温度调节装置、测温计（量程 0~300℃，精确度不低于±2℃）1 只、秒表（精确度±0.1s）。

原料　PS372 或 614 树脂。

【实验内容和步骤】

1. 实验内容

按下列内容，根据原料成型工艺特点及试样质量要求，模拟出实验方案。

（1）聚合物的干燥条件；

（2）注射压力、注射速度；

（3）注射-保压时间、冷却时间；

（4）料筒温度及喷嘴温度；

（5）模具温度、塑化压力、螺杆转速、加料量；

（6）制品的后处理条件。

在制样的过程中，上列（2）、（3）、（4）、（5）项内容，可以用不同的方案，考察注射工艺条件与试样性能的关系。

2. 实验步骤

（1）按注射成型机使用说明书或操作规程做好实验设备的检查、维护工作。

（2）用"调整操作"方式，安装好试样模具。

（3）注射成型机温度仪指示值达到实验条件时，再恒温 10~20min，加入聚合物进行对空注射，观察从喷嘴流出的料条：光滑明亮，无变色、银丝、气泡，说明料筒温度和喷嘴温度比较适合，即可按拟出的实验条件用半自动操作方式制备试样。此后，每次调整料筒温度也应有适当的恒温时间。

在成型周期固定的情况下，用测温计测定聚合物熔体的温度。制样过程中料温测定不少于两次。

（4）在成型周期固定的情况下，用测温计分别测量模具动、定模型腔不同部位的温度，测量点不少于三处。制样过程中，模温测定不少于两次。

（5）注射压力以注射时螺杆头施加于聚合物的压力表示，注射速度以注射时螺杆前进的速度表示。

（6）成型周期各阶段的时间，在成型周期固定的情况下，采用定时计时器和秒表测量。

（7）制备试样过程中，模具的型腔和流道不允许涂擦润滑性物质。

（8）制备试样数量按测试需要而定，制备每一组试样时，一定要在基本稳定的工艺条件下重复进行，必须至少舍去五次成型后才能开始取样；若某一工艺条件有变动，则该组已制备的试样作废，所选取的试样在去除流道杂物时，不得损伤试样本身。

（9）试样外观质量应符合 GB/T 1040.1—2008 塑料拉伸性能的测定　第 1 部分：总则等标准或其他产品标准的规定。

（10）试样处理应按 GB/T 1040.1—2008 塑料拉伸性能的测定　第 1 部分：总则等标准或其他产品标准的规定或本实验提出的条件进行。

【实验结果】

1. 填写实验记录。
2. 试样作下列性能检验：

冲击强度的测定。

洛氏硬度的测定。

维卡耐热性的测定。

热变形温度的测定。

实验记录

一、原料规格			
名称	牌号规格		
二、干燥方法			
干燥方法	干燥温度		
干燥时间/h	干燥后含水率/%		
三、模具特征			
模具结构	每模试样数		
进料口尺寸/mm			
四、注射成型机特征参数			
注射成型机型号	螺杆结构		
喷嘴结构			
五、成型条件 A		B	C
料筒温度后段/℃			
料筒温度中段/℃			
料筒温度前段/℃			
喷嘴加热器/V			
物料温度/℃			
模具温度,定模/℃			
模具温度,动模/℃			
成型压力,注射时/$(N \cdot m^{-1})$			
成型压力,保压时/$(N \cdot m^{-2})$			
塑化压力/$(N \cdot m^{-2})$			
注射速率/$(mm \cdot s^{-1})$			
螺杆转速/$(r \cdot min^{-1})$			
注射-保压时间/s			
冷却时间/s			
成型周期/s			
制成样品名称,数目			
备注			

【思考题】

1. 提出实验方案的料筒温度、注射压力、注射-保压时间时，应考虑哪些问题？
2. 分析试样性能与原料、工艺条件及实验设备的关系。
3. 试样产生缺料、溢料、凹痕、空泡的原因有哪些？

实验 36 聚合物材料的拉伸性能测试

【实验目的】

1. 绘制聚合物的应力-应变曲线，测定屈服强度、拉伸强度和断裂伸长率。
2. 观察不同聚合物的应力-应变特征，了解测试条件对测试结果的影响。
3. 熟悉电子拉力机的原理以及使用方法。

【实验原理】

高分子材料的用途极广，因而对性能的要求也是多种多样的，实际使用者最关心它们的力学性能，包括高分子材料在拉伸、压缩、弯曲、剪切和扭转的应力和应变行为，由于高分子运动的黏弹性质，所以材料的响应也很复杂，聚合物力学性能的实验方法可大致分为两类：静态和动态试验。静态试验最常见的有蠕变和应力松弛，动态试验有自由振动法、共振法和强迫振动非共振法，而十分重要的应力应变测试可视为介于两者之间，如普通拉力机上的试验接近于静态，也称为准静态试验；高速拉伸试验、冲击试验则更接近于动态。

聚合物在测试力学性能时，由于试样中存在的缺陷、聚合物的力学松弛特性以及力的作用时间、作用力变化的速度，试样的受热历史等因素的不同，所测得的性能往往不具有很明显的物理意义；而且，不同的方法测试出的数据是许多力学性能的综合反应，难以比较。为规范聚合物的测试，根据其种类、用途和使用条件，国内外均规定了一系列标准的测试方法。测试时，必须严格按规定的试样、形状、试验条件、试验步骤进行，以保证获得数据的真实、可靠和可重复性。

拉伸强度是高分子材料作为结构使用的重要指标之一，通常以材料断裂前所承受的最大应力来衡量。它是通过规定的试验温度、湿度和作用力速度下，在试样的两端施以拉力将试样拉至断裂时所需负荷力来测定的。此法还可测定材料的断裂伸长率和弹性模量。

除材料的结构和试样的形状外，测定时所用温度和拉伸速率也是影响拉伸强度十分重要的因素。

以下所述试验方法是以试样在准静负荷拉伸时的破坏应力为准进行的。

相关定义如下：

拉伸应力（tensile stress）$\sigma = F/A_0$。式中，F 为负荷，N；A_0 为试样面积，m^2。

拉伸应变（tensile strain）$\varepsilon = (\Delta l/l_0) \times 100\%$。式中，$\Delta l$ 为伸长量，m；l_0 为试样原长度，m。

杨氏模量（Young's modulus）$E = \sigma/\varepsilon$。式中，σ 为拉伸应力，MPa；ε 为拉伸应变。

拉伸强度（tensile strength）$\sigma_t = p/bd$。式中，p 为最大负荷，N；b 为试样宽度，m；d 为试样厚度，m。注意：计算时采用的面积是断裂处试样的原始截面积，而不是断裂后端口截面积。

断裂伸长率（elongation at break）$\varepsilon_b = (\Delta l_{max}/l_0) \times 100\%$。式中，$\Delta l_{max}$ 为断裂时最大伸长量，m；l_0 为试样原长度，m。

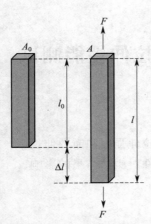
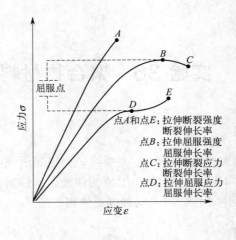

点A和点E：拉伸断裂强度
　　　　　断裂伸长率
点B：拉伸屈服强度
　　　屈服伸长率
点C：拉伸断裂应力
　　　断裂伸长率
点D：拉伸屈服应力
　　　屈服伸长率

对于聚合物材料，从上面右图可知，拉伸强度并不总是在材料断裂时达到。当材料发生屈服时，拉伸屈服强度有可能比拉伸断裂应力要高。

【实验设备】

设备名称：电子万能材料试验机

设备型号与生产商：Instron 3365，Instron Corp.

设备参数：载荷传感器：1kN，5kN；传感器精度：±0.5％；横梁速度：0.01～1000mm/min；引伸计行程：750mm

设备应用：塑料、橡胶、复合材料、金属、木材、纺织物、生物医学材料以及黏合剂等的力学性能测试，具备拉伸、弯曲、压缩、剥离、撕裂等功能，具备循环多步骤测试功能。

实验标准：

GB/T 1040.1—2018 塑料拉伸性能的测定　第1部分：总则

ASTM D638—14 Standard Test Method for Tensile Properties of Plastics

GB/T 528—2009 硫化橡胶或热塑性橡胶拉伸应力应变性能的测定

ASTM D412—98a Standard Test Methods for Vulcanized Rubber and Thermoplastic Elastomers-Tension

【实验内容】

1. 试样尺寸

（1）热固性塑料如图8.2所示。

（2）硬板、硬质、半硬质热塑性塑料材料如图8.3所示。

（3）软质热塑性塑料材料如图8.4所示。

每组试样不少于5个。所有试样应平整，无气泡、裂纹、分层和加工损伤等缺陷，各向异性材料应沿纵横向分别取样。

2. 试验条件

（1）试验环境

热塑性塑料为25℃±2℃；热固性树脂为25℃±5℃；相对湿度为65％±5％。

（2）试验速度

① 热固性塑料、硬质热塑性塑料为10mm·min^{-1}±5mm·min^{-1}；

② 伸长率较大的硬质和半硬质热塑性塑料（如尼龙、聚乙烯、聚丙烯、聚四氯乙烯等）为 $50mm \cdot min^{-1} \pm 5mm \cdot min^{-1}$；

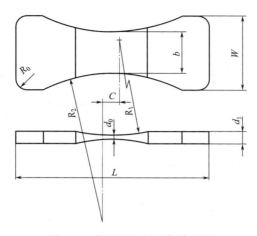

图 8.2　热固性塑料的拉伸试样

L—总长：110mm；b—中间平行部分宽度：25mm；C—中间平行部分长度：9.5mm；W—端部宽度；

R_0—端部半径：6.5mm；d_0—中间平行部分厚度：3.2mm；R_1—表面半径：75mm；

d_1—端部厚度：6.5mm；R_2—侧面半径：75mm

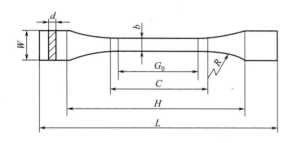

图 8.3　硬质热塑性塑料

L—最小总长：150mm；H—夹具间距离：115mm；C—中间平行部分长度：60mm；G_0—标距（或有效部分）：50mm；W—端部宽度：20mm；d—厚度：4mm；b—中间平行部分宽度：10mm；R—半径（最小）：60mm

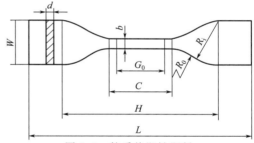

图 8.4　软质热塑性塑料

L—最小总长：115mm；H—夹具间距离：80mm；C—中间平行部分长度：33mm；G_0—标距（或有效部分）：25mm；W—端部宽度：25mm；d—厚度：2mm；b—中间平行部分宽度：6mm；R_0—小半径：14mm；R_1—大半径：25mm

③ 软质热塑性塑料：相对伸长率≤100 时，用 $100mm \cdot min^{-1} \pm 10mm \cdot min^{-1}$；相对伸长率＞100 时，用 $250mm \cdot min^{-1} \pm 50mm \cdot min^{-1}$。

（3）试验样条

PP/POE 哑铃状拉伸样条（注射成型的"I"形样条）。

3. 试验步骤

（1）试样预处理：试样放置在 2.（1）规定的试验环境中。

厚度 $d<0.25mm$ 处理不少于 4h；$0.25mm \leqslant d \leqslant 2mm$ 处理不少于 8h；$d>2mm$ 处理不少于 16h。

测量模塑试样和板材试样的宽度和厚度准确至 0.05mm，板片厚度准确至 0.01mm。每个试样在标距内测三点，取算术平均值。

（2）测试步骤

① 开机，装上夹具，确定上下限位块的安全位置；

② 在计算机上设定方法和测试参数，校准引伸计；

③ 测量宽度和厚度，将样条装在夹具上；

④ 开始拉伸测试；

⑤ 数据处理：比较橡塑共混比例、拉伸速度条件对材料拉伸性能的影响。

（3）数据记录

拉伸条件	屈服强度/MPa	屈服伸长率/%	拉伸强度/MPa	断裂伸长率/%
50mm·min^{-1}				
200mm·min^{-1}				

（4）数据处理

取中值，做表比较；画图比较两条拉伸曲线。

【思考题】

1. 橡塑共混比例对材料的应力应变性能有何影响？

2. 比较拉伸速度对测试结果的影响。

3. 从高分子链运动的角度说明实验温度条件对高分子材料拉伸性能的影响。

4. 使用电子万能材料试验机有哪些实验安全注意事项？

实验 37　聚合物应力-应变曲线的测定

【实验目的】

1. 通过本实验，更好地学习和理解"高分子物理"课程中有关固体聚合物的力学性质等章节内容。

2. 了解电子拉力机的结构和原理，掌握电子拉力机的操作方法，培养独立研究工作的能力。

3. 测定不同温度下聚对苯二甲酸乙二酯（PET）的应力-应变曲线，进而求出不同温度下 PET 的有关力学性质参数，并对实验现象做出合理的解释。

【实验原理】

应力应变试验，就是以某一给定的应变速率对试样施加负荷，直到试样破坏为止。在这个过程中，可得到应力-应变曲线，曲线的横坐标是应变，纵坐标是外加的应力。曲线的形状反应材料在外力作用下发生的脆性、塑性、屈服、断裂等各种形变过程。由应力应变曲线可以得出材料的杨氏模量、极限拉伸长度和拉伸强度，可根据断裂前是否发生屈服来判断材料是韧性还是脆性的；由曲线下的面积还可求出断裂功；聚合物材料具有黏弹性，当应力被移除后，外力所做的功一部分被用于材料内部的摩擦消耗成热能，这一现象也可用应力-应变曲线表示。

将已知长度和横截面积的试样夹在拉力试验机的两个夹具之间，以恒速拉伸至断裂，测定应力随伸长的变化，分析在不同应变速率、不同温度时的试验数据，可以了解材料的韧性及极限性能。

试样的最小起始截面积 A_0 除以负荷 L 即为相应的应力 σ，因此，σ 是单位截面积的负荷，单位 $\mathrm{kg \cdot cm^{-2}}$，将最大负荷 $L_{\max}$ 除以起始截面积 A_0，即为极限拉伸强度：

$$\sigma_{\max} = L_{\max}/A_0 \tag{1}$$

应变 ε 为试样受力方向单位长度的变化，因此，极限应变最大负荷 ε 极限下的伸长 ΔL 为 $L-L_0$ 与起始长度 L_0 的比值：

$$\varepsilon_{\max} = \Delta L/L_0 \times 100\% \tag{2}$$

因而，极限拉伸强度和相应应变的数据可用来衡量材料所能承受的最大负荷。对聚合物

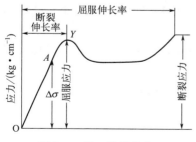

图 8.5　第二类聚合物的典型应力-应变曲线

表征来说，更为有用的是应力-应变实验的过程图，即应力-应变曲线。应力-应变曲线可分为以下三种类型。

（1）第一类聚合物的应力-应变曲线是很陡直的，在断裂时仅稍有变平。与金属相似，这些聚合物即使在较高的负荷下只有很小的形变。所有热固性塑料以及某些热塑性塑料，如聚苯乙烯和聚甲基丙烯酸甲酯属于此类，即它们是相当没有弹性的，是脆性的。

（2）第二类有着可拉伸的性能。如图 8.5 所示，开始这些材料的行为非常类似第一类曲线，即比例极限值

很小。随负荷增加的形变也是很小的。然后,虽然所施的负荷维持不变,甚至减少,但是发生很大的伸长。材料开始流动,负荷-形变曲线几乎平行于横坐标继续延伸。材料开始流动的点叫屈服点。这时的应力称为屈服强度 σ_y,当流动时,高分子伸展开来,沿着施加力的轴取向,这个过程一旦完成,应力又重新增加(形变减小),直到材料断裂。材料断裂时的应力 σ 叫扯断强度 σ_b,相应的应变 ε_b 为扯断伸长率。许多热塑性塑料,如聚烯烃、尼龙-6和尼龙-66 以及未增塑的聚氯乙烯(硬质 PVC)属于这类聚合物。

(3) 第三类包括那些即使在低负荷下形变也相当大的聚合物。应力-应变曲线表现为应力在低值范围内几乎不变,不会突然骤减,但是应变却一直在增加。由高分子重新取向后产生的强度增加是逐渐的,最后,试样断裂。这组聚合物包括所有增塑的热塑性塑料以及橡胶。

弹性模量 E(或杨氏模量,单位 $kg \cdot cm^{-2}$)为聚合物刚性的一个变量,是从应力-应变曲线的直线部分得到的:

$$\sigma = E\varepsilon \tag{3}$$

弹性模量 E 相当于应力-应变曲线中比例极限内直线部分的斜率:

$$E = 应力/长度的变化 \tag{4}$$

电子力拉力试验机的原理参见实验室内的仪器使用说明。

【实验仪器和试样】

仪器　美国 Instron 公司 4465 型电子拉力试验机 1 台、样品切具 1 套。

试样　PET 薄膜。

【实验内容】

(1) 将 PET 薄膜切成 6mm×130mm 条形样品,测量试样的长宽厚尺寸,并计算模截面。

(2) 实验前由教师调试好电子拉力试验机并作有关仪器结构的必要讲解。

(3) 将 PET 试样放入夹具,启动电子拉力试验机,由记录仪可得应力(y 轴厘米数)与测定不同温度下的 PET 应力-应变曲线,并在同一坐标下画出不同温度的 PET 应力应变曲线。

(4) 由应力-应变曲线求出极限拉伸强度和扯断伸长、弹性模量 E;若试样有屈服现象,则求出屈服强度。

【思考题】

1. 比较不同温度下 PET 应力-应变曲线,分析它们之间的异同,并从高分子链运动的角度对各阶段的应力-应变曲线做出合理解释。

2. 电子拉力试验机测试材料的应力-应变曲线的基本原理是什么?仪器主要由哪几部分组成?

3. PET 的应力-应变曲线属于哪一类型的高聚物应力-应变曲线?

实验 38　简支梁法 (Charpy 法) 测定聚合物材料的抗冲击性能

【实验目的】

1. 掌握高分子材料冲击性能测试的简支梁冲击试验方法、操作及其实验结果处理。
2. 了解冲击测试条件对测定结果的影响。

【实验原理】

　　聚合物材料在使用过程中，受到损坏的最普遍原因之一是受到外力的冲击。所以，除了进行准静态拉伸性能测试外，通常还进行冲击性能试验。冲击性能试验是在冲击负荷作用下，测定聚合物材料的冲击强度。

　　冲击强度常用来评价材料抵抗冲击的能力或判断材料的脆性或韧性程度，因此，冲击强度也称冲击韧性。塑料材料的冲击韧性在工程应用上是一项重要的性能指标，它反映不同材料抵抗高速冲击破坏的能力，也可以理解为试样受冲击破坏时单位面积上所消耗的能量。

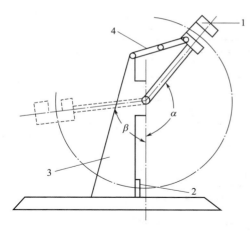

图 8.6　摆锤式冲击实验机工作原理
1—摆锤；2—试样；3—机架；4—扬臂

　　本试验是在简支梁摆锤式冲击机上，用具有一定动能的摆锤高速冲击试样，致使试样断裂来测定冲击强度的。把摆锤从垂直位置挂在机架的扬臂上，此时扬角为 α（如图 8.6 所示），因而获得了一定的势能；当其自由落下时，则它的势能转化为动能，将试样冲断，冲断以后，摆锤以剩余能量升到某一高度，升角为 β。根据摆锤冲断试样后升角 β 的大小，即可绘制出读数盘，由读数盘可以直接读出冲断试样时所消耗的功的数值。将此功除以试样的横截面积，即为材料的冲击强度。

　　材料的冲击强度值在很大程度上取决于它的试验温度、载荷的速度、试样切口的有无以及能引起局部应力的其他因素。

【实验仪器和试样】

　　仪器　英国 RAY-RAN Test Equipment 公司摆锤式简支梁冲击实验机。
　　试样
　　(1) 标准试样　标准试样表面应平整、无气泡、无裂纹、无分层和无明显杂质，缺口试样在缺口处应无毛刺。
　　试样类型、尺寸及对应的支撑线间距如表 8.1 所示。

表 8.1　试样类型、尺寸及对应的支撑线间距　　　　　　单位：mm

试样类型	长度 l		宽度 b		厚度 d		支撑线间距 L
	基本尺寸	极限偏差	基本尺寸	极限偏差	基本尺寸	极限偏差	
1	80	±2	10	±0.5	4	±0.2	60
2	50	±1	6	±0.2	4	±0.2	40
3	120	±2	15	±0.5	10	±0.5	70
4	125	±2	13	±0.5	13	±0.5	95

　　试样缺口的类型和尺寸如图 8.7 和表 8.2 所示。优选试样类型为 1 型，优选项缺口类型为 A 型。

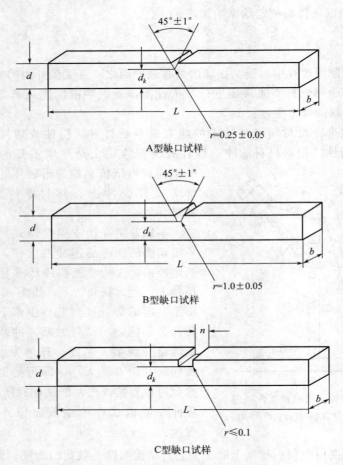

A型缺口试样

B型缺口试样

C型缺口试样

图 8.7　缺口试样类型及尺寸

表 8.2　缺口类型和制品尺寸　　　　　　单位：mm

试样类型	缺口类型	缺口剩余厚度 d_k	缺口底部圆弧半径 r		缺口宽度 n	
			基本尺寸	极限偏差	基本尺寸	极限偏差
1,2,3,4	A	0.8d	0.25	±0.05	—	—
	B	0.8d	1.0	±0.05	—	—
1,3	C	2d	≤0.1	—	2	±0.2
2	C		≤0.1	—	0.8	±0.1

（2）板材试样　板材试样厚度在 3～13mm 之间时取原厚度。大于 13mm 时应从两面均匀地进行机械加工到 10mm±0.5mm。4 型试样的厚度必须加工到 13mm。

当使用非标准厚度试样时，缺口深度与试样厚度尺寸之比也应满足表 8.2 的要求，厚度小于 3mm 的试样不能做冲击实验。

如果受试材料的产品标准有规定，可用带模塑缺口的试样，模塑缺口试样和机械加工缺口的试样实验结果不能相比。除受试材料的产品标准另有规定外，每组试样数应不少于 10 个。各向异性材料应从垂直和平行于主轴的方向各切取一组试样。

【实验步骤】

（1）对于无缺口试样，分别测定试样中部边缘和试样端部中心位置的宽度和厚度，并取其平均值为试样的宽度和厚度，准确至 0.02mm。缺口试样应测量缺口处的剩余厚度，测量时应在缺口两端各测一次，取其算术平均值。

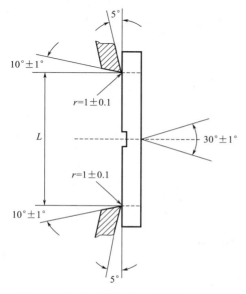

图 8.8　标准试样的冲击刀刃和支座尺寸

（2）根据试样破坏时所需的能量选择摆锤，使消耗的能量在摆锤总能量的 10%～85% 范围内。

（3）调节能量刻度盘指针零点，使它在摆锤处于起始位置时与主动针接触。进行空白试验，保证总摩擦损失在规定的范围内。

（4）抬起并锁住摆锤，把试样按规定放置在两支撑块上，试样支撑面紧贴在支撑块上，使冲击刀刃对准试样中心，缺口试样使刀刃对准缺口背向的中心位置。冲击刀刃及支座尺寸如图 8.8 所示。

（5）平稳释放摆锤，从刻度盘上读取试样破坏时所吸收的冲击能量值。试样无破坏的，吸收的能量应不作取值，实验记录为不破坏；试样完全破坏或部分破坏的可以取值。

（6）如果同种材料在实验中观察到一种以上的破坏类型时，须在报告中标明每种破坏类型的平均冲击值和试样破坏的百分数。不同破坏类型的结果不能进行比较。

【数据处理】

（1）无缺口试样简支梁冲击强度 a（$kJ \cdot m^{-2}$）

$$a = \frac{A}{bd} \times 10^3 \tag{1}$$

式中，A 为试样吸收的冲击能量值，J；b 为试样宽度，mm；d 为试样厚度，mm。

（2）缺口试样简支梁冲击强度 a_k（$kJ \cdot m^{-2}$）

$$a_k = \frac{A_k}{bd_k} \times 10^3 \tag{2}$$

式中，A_k 为试样吸收的冲击能量值，J；b 为试样宽度，mm；d_k 为缺口试样缺口处剩余厚度，mm。

（3）标准偏差 s

$$s = \sqrt{\frac{\sum (x - \overline{x})^2}{n-1}} \tag{3}$$

式中，x 为单个试样测定值；$\overline{x}$ 为组测定值的算术平均值；n 为测定值个数。

【思考题】

1. 为什么不同厚度试样测出的冲击强度值不能相互比较？
2. 讨论缺口试样上缺口的作用。
3. 如果试样上的缺口是机械加工而成的，加工缺口过程中，哪些因素会影响测定结果？

实验 39　聚合物材料的耐热性能测定：维卡软化点

【实验目的】

1. 了解热塑性聚合物的维卡软化点的测试方法。
2. 熟悉热变形维卡温度测定仪的构造和操作方法。
3. 测定 PP、PS 等试样的维卡软化点。

【实验原理】

高分子材料的耐热性指其在使用过程中，耐受一定温度并保持其外形和固有物理机械性能的能力。由于材料制品在使用中，往往会受到外力的作用。因此，常规定在某一外力作用下，测定试样达到一定形变值时的温度可作为耐热温度。相关的测试方法有马丁法、维卡软化法和热变形温度法等。由于这些方法选用的试验条件不同，所测数据都不代表该试样制件的实际使用温度，彼此之间也无比较意义，只能作为产品质量控制指标或在同样条件下，对不同聚合物材料耐热温度进行比较的一个指标。

维卡软化点是指将热塑性塑料置于特定液体传热介质中，在一定的负荷、一定的等速升温条件下，试样被横截面积为 $1mm^2$ 的针头压入 1mm 时的温度。本方法适用于大多数热塑性塑料。实验测得的维卡软化点适用于控制质量和作为鉴定新品种热性能的一个指标，但不代表材料的使用温度。现行维卡软化点的国家标准为 GB/T 1633—2000。

此法不适于测定维卡软化点范围宽的材料，但对试样的形状要求不高，使用方便。

【实验内容】

1. 仪器

英国 RAY-RAN 公司 2Station 型热变形维卡温度测定仪 1 台，装置示意图见图 8.9。负载杆压针头长 3～5mm，横截面积为 $(1.000+0.015)mm^2$，压针头平端与负载杆成直角，不允许带毛刺等缺陷。加热浴槽选择对试样无影响的传热介质，如硅油、变压器油、液体石蜡、乙二醇等，室温时黏度较低。

2. 试样

（1）试样厚度为 3～6mm，面积不小于 10mm×10mm 或直径大于 10mm。试样的上、下两面应平整、光滑，无气泡、无锯齿痕迹、凹痕或裂痕等缺陷。每组试样为两个。

（2）模塑试样厚度为 3～4mm。

（3）板材试样厚度大于 6mm 时，应在其一面加工成

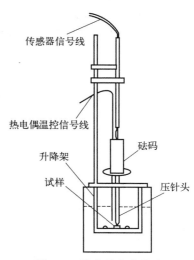

图 8.9　维卡软化点温度测试装置原理

传感器信号线

热电偶温控信号线

升降架

试样

砝码

压针头

3～4mm。

（4）厚度不足 3mm 时，允许 2～3 块叠合成厚度大于 3mm，一起测试。

本试验机也可用于热变形温度测试，热变形试验选择斧刀式压头，长条形试样，试样长度约为 120mm，宽度为 3～15mm，高度为 10～20mm。

3. 试验条件

（1）起始温度为室温。

（2）升温速度：$50℃ \cdot h^{-1}$；$120℃ \cdot h^{-1}$。

（3）试样承受的静负荷为 1kg 或 5kg。

（4）传热介质为甲基硅油。

（5）变形测量装置，精度不小于 0.01mm。

（6）水银温度计，分度值为 1℃。

4. 试验步骤

（1）把试样放在试样支座上，其中心位置约在压针头之下，距试样边缘应大于 3mm，加工面朝下，使压针头接触试样且保证变形指针指在零点。

（2）将装好试样的支架小心浸入油浴内插入温度计，使温度计水银球尽量靠近试样，但不接触试样。

（3）加上负载，开动搅拌器，同时调好程序升温控制装置进行等速升温。

（4）注意观察变形测量指针的变化，当压针头压入试样 1mm 时，迅速记录此时的温度。

（5）同组试样测定结果之差大于 2℃，应作废，取样重做。

5. 结果讨论

取同组试样试验温度数值的算术平均值。

【思考题】

1. 本方法适用于哪些高分子材料，为什么？

2. 影响维卡软化点测试的因素有哪些？

3. 材料的不同热性能测定数据是否具有可比性？

实验40　聚合物体积电阻率和表面电阻率的测定

【实验目的】

1. 了解电学性能常用测试仪器高阻计和检流计的操作。
2. 掌握高分子材料体积电阻率和表面电阻率的测试方法。
3. 了解高分子材料体积电阻率和表面电阻率与其结构的内在关系。

【实验原理】

绝大多数高分子材料的电绝缘性优良，还具有极小的介电损耗以及优良的电弧等特性。这在现代工业中是非常需要的。但这些性能除与材料的分子结构、聚合度、杂质含量等内在因素密切相关外，还受到温度、湿度等环境条件的影响。外界条件可以非常灵敏地影响材料性能变化，因此，电性能的测试须按严格的规定进行，才能得到较可靠的结果。

理想的电绝缘材料，在恒定外电压的作用下，不应有电流通过。然而，高分子材料由于外来杂质或材料本身的离子移动等原因，在恒定外电压作用下，不论是材料内部，还是在材料的表面都可能产生一些泄漏电流（电导），其值的大小反映出材料绝缘性能的优劣，在工程上通过用电阻率的大小来衡量。实际使用时，材料的体积电阻率和表面电阻率都是我们所关心的。

测试聚合物材料的电导性能时，对试样施加直流电压，在一定的条件下测出通过试样内部或沿试样表面的泄漏电流，该值的倒数即为体积电阻或表面电阻，再由电极尺寸、试样尺寸便可计算出相应的电阻率。此法不适用于薄膜和泡沫塑料。

聚合物的体积电阻率和表面电阻率用 ρ_v 和 ρ_s 来表示，通常与尺寸无关。ρ_v 表示聚合物截面积为 $1cm^2$、厚 $1cm$ 的单位体积对电流的阻抗。

$$\rho_v = R_v S/h \tag{1}$$

式中，R_v 为体积电阻；S 为测量电极的面积；h 为试样的厚度。

表面电阻率 ρ_s 则表示聚合物长 $1cm$、宽 $1cm$ 的单位表面对电流的阻抗。

$$\rho_s = R_s L/b \tag{2}$$

式中，R_s 为表面电阻；L 为平行电极的长；b 为平行电极间距。

电导率是电阻率的倒数，电导是表征物体导电能力的物理量，是在电场作用下，物体中的载流子移动的现象。高分子是由许多原子以共价键连接起来的，分子中没有自由电子，也没有可流动的自由离子（除高分子电解质含有离子外），所以，它是优良的绝缘材料，其导电能力极低。一般认为，聚合物的主要导电因素是由杂质引起，称为杂质电导。但也有某些具有特殊结构的聚合物呈现半导体的性质，如聚乙炔、聚乙烯基咔唑等。

当聚合物被加上直流电压时，流经聚合物的电流最初随时间而衰减，最后趋于平稳。其中包括了 3 种电流，即瞬时充电电流、吸收电流和漏导电流（见图 8.10）。

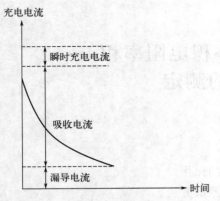

图 8.10　流经聚合物材料的电流

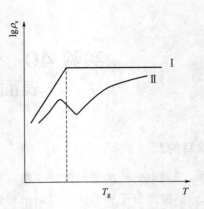

图 8.11　聚合物的体积电阻率与
温度的关系曲线

（1）瞬时充电电流是聚合物在加上电场的瞬间，电子、原子被极化而产生的位移电流，以及试样的纯电容性充电电流。其特点是瞬时性，开始很大，很快就下降到可以忽略。

（2）吸收电流是经聚合物的内部且随时间而减小的电流。它存在的时间大约几秒到几十分钟。吸收电流产生的原因较复杂，可能是偶极子的极化、空间电荷效应和界面极化等。

（3）漏导电流是通过聚合物的恒稳电流，其特点是不随时间变化，通常是由杂质作为载流子而引起。

由于吸收电流的存在，在测定电阻（电流）时，要统一规定读取数值的时间（1min）。另外，在测定中，通过改变电场方向反复测量，取平均值，以尽量消除电场方向对吸收电流的影响所引起的误差。

在非极强电场下（不产生自由电子），其聚合物的体积电阻率与温度的关系曲线如图8.11所示。

图8.11中，Ⅰ为非极性聚合物，Ⅱ为极性聚合物。后者电阻较低，并在 T_g 附近出现电流增大的峰值，这是偶极基团取向产生位移电流而引起的。一般导体电阻随温度增高而线性增加，而聚合物（介电质）电阻随温度升高而按对数减小（说明导电机理为活化过程），并且在力学状态改变时，其变化规律也发生变化，其原理与介质损耗相同。但在使用直流电进行测量时，考虑的主要因素是杂质离子的迁移。在 T_g 以后，由于链段运动解冻，链段相对位置不断改变，在局部上，其性质相似于液体，离子迁移更容易，因而电导增大，电阻减小，故通过测试 ρ_v 与温度的关系曲线也可测定 T_g。

环境湿度对电阻测定影响很大，以 ρ_s 尤为明显。在干燥清洁的表面上，ρ_s 几乎可以忽略，但一旦试样中有可导电的杂质，ρ_s 减少很快。当有水存在时，水迅速沾污（如可吸收 CO_2）而导电，有裂缝时影响就更明显。对于 ρ_v 而言，非极性聚合物难于吸湿，影响不大，极性聚合物吸湿后由于水可使杂质离解，因而电导增大。当材料含有有孔填料（如纤维等）时，影响更大。一般来说，湿度对极性聚合物的影响比非极性聚合物的大，对无机物的影响也比有机物的大。因而测定电阻必须在一定的湿度环境中进行。

【实验内容】

1. 试样的准备

（1）圆形或方形：直径（或边长）50mm、100mm，厚度为1～2mm；

（2）试样表面应平滑，无裂纹、气泡和机械杂质等缺陷；

（3）试样应在温度为 $25℃±2℃$ 或 $25℃±5℃$，相对湿度为 $65\%±5\%$ 的条件下处理不少于 16h；

（4）处理时，需要用蘸有溶剂的绸布擦拭试样；

（5）每组试样不少于 3 个。

2. 试验条件

（1）试验电压为 $100\sim1000V$，比较试验时应采用相同的电压；

（2）试验环境：温度 $25℃±2℃$ 或 $25℃±5℃$（根据产品温度特性选用），相对湿度为 $65\%±5\%$。

3. 试验设备

EST121 型数字超高阻计（或 6517B 型高阻计），高阻计测试绝缘电阻原理图和三电极系统见图 8.12 与图 8.13。

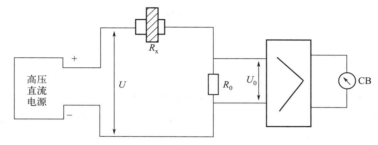

图 8.12　高阻计测试绝缘电阻原理图

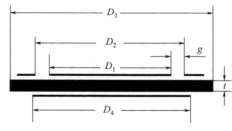

图 8.13　三电极系统

4. 试验步骤

（1）测量试样厚度，测量误差为 0.01mm。

（2）按电极尺寸光滑地裁取铝箔，用很薄均匀的凡士林或变压器油把铝箔紧密地贴在试样上。

（3）测试：

① 把试样放入屏蔽箱按仪器说明书进行测试前的检验，正常后接通电源，仪器预热半小时后方可进行测试。

② 试验电压调至 1000V。测试步骤按说明书进行。

③ 测试电压施加 1min 后读取表上的绝缘电阻值。

④ 测试体积电阻时，转换开关指向 R_v 位置，测表面电阻指向 R_s 位置。

（4）测试完后，切断电源，仪器各开关恢复到原来的位置。

5. 结果讨论

记录原始数据。

室温：　　　　湿度：

项目	1	2	3	平均值
样品厚度/cm				
R_v/Ω				
R_s/Ω				
$\rho_v/(\Omega \cdot cm)$				
$\rho_s/(\Omega \cdot cm)$				

用式（3）及式（4）计算 ρ_v 及 ρ_s

$$\rho_v = R_v \frac{\pi(D_1 + g)^2}{4t} \tag{3}$$

$$\rho_s = R_s \frac{2\pi}{\ln \dfrac{D_2}{D_1}} \tag{4}$$

式中，t 为试样厚度，cm；D_1 为测量电极直径（本仪器为 5.0cm）；D_2 为保护电极内径（环电极）直径（本仪器为 5.4cm）；g 为测量电极与保护电极的间隙距离（本仪器为 0.2cm）。在本实验，$\dfrac{2\pi}{\ln(D_2/D_1)} = 80$，为一定值。

6. 注意事项

（1）在试验开始前，必须熟悉试验设备和操作方法。

（2）试验开始时必须仔细地检查接线是否正确。

（3）一定要在切断电源的情况下安放或取下试样。

【思考题】

1. 温度和湿度对高分子材料的电阻率有何影响？

2. 为保证结果的准确性，试验时应注意哪些问题？

3. 高分子的结构与材料的体积电阻率和表面电阻率之间有何关系？

实验 41 聚合物电介质的介电损耗温度谱测定

【实验目的】

1. 测定非极性聚合物，极性聚合物的 ε_r、$\tan\delta$ 随温度的变化曲线。
2. 从 ε_r、$\tan\delta = f(T)$ 的曲线来分析说明这两种聚合物电介质的极化和损耗机理。
3. 了解松弛损耗的温度与频率的对应性。
4. 掌握交流电压下 ε_r、$\tan\delta$ 的测试方法，进一步熟悉测试仪器。

【实验原理】

聚合物分子在电场作用下会发生极化。在交流电场中，因电介质材料的取向极化跟不上外加电场的变化，会发生介电损耗。由于介质的存在，通过电容器的电流与外加电压的相位差不再是 $90°$，而是 $\varphi = 90° - \delta$。聚合物在电场作用下，表现出对静电能的储存和损耗的两种性质，通常用介电常数和介电损耗来表示。介电常数 ε 是电容器中充满该材料时的电容量与在真空时的电容量之比，真空的 ε 等于 1，空气的 ε 接近 1。大多数非极性聚合物的 ε 在 2 左右，极性聚合物的 ε 在 $2 \sim 10$ 之间。

聚合物作为电工绝缘材料或电容器材料时，要求其介电损耗越小越好；相反，聚合物在高频干燥、塑料薄膜的高频焊接或大型聚合物制件高频热处理时，往往要求介电损耗大一些更好。

常用复数介电常数来表示介电常数和介电损耗两方面的性质：

$$\varepsilon^* = \varepsilon' + i\varepsilon'' \tag{1}$$

式中，ε' 为实部，即通常实验测得的 ε；ε'' 为虚部，称介电损耗因素。介电损耗为 $\tan\delta = \varepsilon''/\varepsilon'$，一般聚合物的介电损耗很少，$\tan\delta = 10^{-4} \sim 10^{-2}$，$\varepsilon^*$ 与 α 的关系可用 Debye 方程描述：

$$\frac{\varepsilon^* - 1}{\varepsilon^* + 2} = \frac{4}{3}\pi N\left(\alpha_\varepsilon + \alpha_\alpha + \alpha_\mu + \frac{1}{1 + \omega\tau^*}\right) \tag{2}$$

式中，N 为单位体积中的分子数；α 为聚合物的分子极化率；ω 为频率；τ^* 为偶极的松弛时间。

以 ε'' 对 ε' 作图称为 Cole-Cole 图，表征电介质偏离 Debye 松弛的程度。半圆形为 Debye 松弛，偏离时得圆弧形图。忽略极性杂质引起的介电损耗，其中相对介电常数 ε_r、$\tan\delta$ 随介质温度的变化曲线，见图 8.14(a)；对极性高分子材料的 ε_r、$\tan\delta$，由于存在转向松弛损耗，其温度曲线见图 8.14(b)。

在不同温度下或不同频率下观察固体聚合物的介电损耗情况，得到的温度谱或频率谱称为聚合物的介电松弛谱，它与力学松弛谱一样用于研究聚合物的转变，特别是多重转变。测定聚合物介电松弛谱的方法主要为热释电流法（TSC）。TSC 属低频测量，频率在 $10^{-5} \sim 10^{-3}$ Hz 范围，分辨率高于动态力学和常用的介电方法。

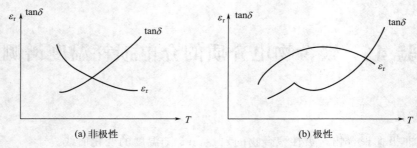

(a) 非极性   (b) 极性

图 8.14　高分子材料的介电损耗温度谱

【实验内容】

1. 测量仪器及实验步骤

（1）工频下测量 ε_r、$\tan\delta$ 的温度谱

仪器：QS40A 型介质损耗及电容电桥、控温仪、可加热电极。

实验步骤：

① 将被测试样进行正常化处理。

② 用测厚仪测量试样厚度，测三点取平均值。

③ 将被测试样放入电极之中，罩上玻璃罩。

④ 接通控温仪电源，从室温开始，每上升 10℃ 至 20℃ 恒温 10min 得得一点。测试最高温度点根据被测材料而定。

⑤ 使用 QS40A 型高电压电桥方法，参照说明书。

（2）测量 ε_r、$\tan\delta$ 的频率谱和温度谱

仪器：Novocontrol Concept 40 型介电阻抗谱仪。

实验步骤：

① 按照上述中的①、②准备。

② 使用 Novocontrol Concept 40 型介电阻抗谱仪方法，参照说明书。

③ 按升温顺序在一点温度设置一定的频率范围进行测量。

2. 数据处理

（1）工频测量数据表：$t =$ ＿＿＿＿ cm

$C_4/\mu\mathrm{F}$	
C_x/pF	
ε_r	
$\tan\delta$	

计算公式：

$$\varepsilon_r = 14.4\,\frac{t}{(D_1+g)^2}C_x \tag{3}$$

$$C_x = 100/C_4 \tag{4}$$

式中，t 为试样厚度，cm；C_x 为试样电容，pF，本实验中取 $D_1 = 5.0\mathrm{cm}$，$g = 0.2\mathrm{cm}$。

（2）介电频率谱图和温度谱图

记录实验数据。

参照 Novocontrol Concept 40 型介电阻抗谱仪说明书，输入实验参数，根据输出的实验数据作 ε_r、$\tan\delta = f(T)$ 的特性曲线，利用变频温度谱对材料的活化能进行研究及计算。

【思考题】

1. 分析极性、非极性聚合物电介质在交变电场下的松弛极化和损耗特性。

2. 温度、湿度和杂质对聚合物的介电损耗产生什么影响？

3. 均聚物和共混物的介电损耗谱有什么区别？

实验 42　聚合物介电强度的测定

【实验目的】

1. 测定聚合物材料在室温工频下的介电强度 E_b。
2. 测定均匀电场下聚合物的介电强度 E_b 与环境温度 T_0 的关系曲线。
3. 综合分析两种聚合物电介质的结构。

【实验原理】

电介质的击穿是材料从介电状态向导电状态的跃变过程。对聚合物来说，和大多数固体介质一样，击穿过程导致材料发生永久性的破坏。

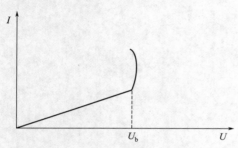

图 8.15　聚合物击穿的伏安特性

在电气设备和器件中产生绝缘的击穿是经常出现的。因而，对聚合物的击穿现象及其规律的研究，在理论上和工程实践中都很重要，如果测量击穿前通过试样的电流，可观察到有一个随电压符合欧姆定律的线性增加到明显加速的过程，在击穿的瞬间，电流出现突变伏安特性如图 8.15 所示。

随着外加电压的升高，聚合物材料的性能会逐渐下降。电压升到一定值时，材料的局部会导电，即材料被击穿，此时的电压成为击穿电压 U_b；单位厚度承受的击穿电压值，称为介电强度 E_b，也称为电气强度或击穿强度。通常介电强度越高，材料的绝缘质量越好。E_b 表征了材料所能承受的最大电场强度，是聚合物绝缘材料的一项重要指标。聚合物绝缘材料的 E_b 一般为 $10^7 \mathrm{V \cdot cm^{-1}}$ 左右。由于在制造过程中混入杂质和气体，以及电极形状、试样厚度等因素的影响，聚合物的实际介电强度一般要比本征击穿强度理论值低。

$$E_b = U_b / d \tag{1}$$

式中，E_b 为介电强度，$\mathrm{kV \cdot mm^{-1}}$；$U_b$ 为击穿电压，kV；d 为试样厚度，mm。

介电强度的测定通常采用连续均匀加压（短时法）或者逐级升压（低速升压法）的方法，前者施加于试样的电压从零开始，以均匀速率逐渐增加到材料发生介电破坏；后者是将预测击穿电压值的一半作为起始电压，然后分级增加电压直到发生击穿。每级升压值大约为击穿电压 U_b 的 5%～10%。

通过固体电介质的击穿分为电击穿及热击穿两类，它们有着完全不同的物理过程。电击穿形式的特征为击穿场强，与温度无关，而热击穿时击穿场强随温度指数规律变化，介质在外施电场下产生损耗发热，当介质内部发热和向周围媒质散热的平衡稳定性被破坏时，即发生介质的热击穿，如图 8.16 所示。

发生热击穿的可能性与周围媒质的温度有很大关系，媒质温度的改变能引起击穿形式的改变，在低温时很多固体介质在通常的实验条件下击穿具有电的特性，击穿电压（或击穿场强）与温度的关系不大，在达到和超过某个温度（临界温度）后，就呈现出热击穿的形式。

随着温度的升高，与介质电导有联系的热击穿电压显著下降，一般按指数规律，这就是热击穿的特性。如图 8.17 所示。

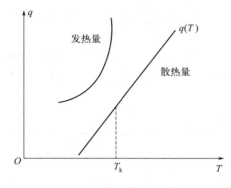

图 8.16　热击穿的示意图

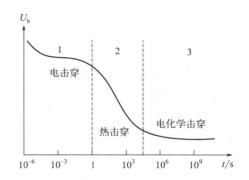

图 8.17　固体介质击穿电压与环境温度的关系图

当试样材料的形状、尺寸一定时，热击穿电压与介质电阻系数可写成如下的关系式：

$$U_b = C \sqrt{\rho_b} \tag{2}$$

式中，C 为常数，V；ρ_b 为介质在环境温度 T_b 时的电阻率。

在不大的温度范围内：

$$\rho_b = \rho_0 e^{-\frac{a}{T_0}} \tag{3}$$

式中，a 为电阻的温度系数；ρ_0 为外推到绝对零度时的电阻率，为一常数；

所以，在不大的温度范围内：

$$U_b = C' e^{\frac{-a}{2T_0}} \tag{4}$$

式中，C' 为常数，V；若对式（3）和式（4）两边取自然对数，则得：

$$\ln \rho_b = B - \frac{a}{T_0} \tag{5}$$

$$\ln U_b = B' - \frac{a}{2T_0} \tag{6}$$

由式（4）可见，在热击穿条件下，击穿电压 U_b 随周围环境温度作幂指数下降，且与电阻随温度上升而下降的幂指数是减半的关系。由式（5）和式（6）可见，只要取 $\ln \rho_b$ 坐标值为 $\ln U_b$ 的两倍时，$\ln \rho_b - \frac{1}{T_0}$ 与 $\ln U_b - \frac{1}{T_0}$ 为两条平行直线。

要判断试样是否真正为热击穿，可以分别求出上述式（5）和式（6）的斜率，并验证它们的比值是否为 0.5 的规律。这项试验可应用实验 40 所得结果。因为在工作频率下的高分子电介质，一般呈现电导损耗的特性。

电压击穿仪器使用时的注意事项如下：

（1）试验过程中不能让无关人员靠近，试验时要有监护人员，不要单人使用，以防万一发生意外情况；

（2）试验中发生意外情况要及时切断电源，问题处理后才能继续试验；

（3）设备在使用中外壳要接保护地线，以保护操作人员和设备运行的安全；

（4）使用完后，要关掉系统各部分电源，不准带电插拔电源线。

【实验内容】

1. 仪器和试样

仪器　介电强度测试仪由高压变压器、调压变压器、保护电路等部件组成，烘箱（500℃）。

试样　PVC管、酚醛纸层压板、交联聚乙烯电缆料等。

试样上下表面要平行、平整光滑，厚度不大于3mm；当厚度大于3mm时，单面加工成 (3 ± 0.2) mm，未加工面与高压电极接触。试样的几何形状见表8.3，每组试样数量不得少于3个，且不同厚度的试样间的结果不能进行比较。

表 8.3　介电强度测试的试样要求

项目	试样	尺寸/mm	适应范围
一般试验	板状	方形：边长≥100	包括薄片、漆片、漆布、板材及型材试样
	型材	圆形：直径≥100	
	管状	长 100~300	
	带状	长≥150，宽≥5	
沿层试验	板状	长 100，宽 25	板对板电极
		长 60，宽 30	针销对板电极及锥销电极
	管棒状	高 25 ± 0.2	板对板电极
		长 100	锥销电极
		高 30	针销对板电极
表面耐压试验	管棒状	长 150 ± 5	

试样的预处理　遵循测试材料的产品规格进行。如没有特殊要求，在温度为 (23 ± 2)℃，相对湿度为 (50 ± 5)% 的条件下预处理不少于24h。

2. 室温工频下 E_b 值的测定

(1) 测量试样厚度。用厚度测量仪在试样测量电极面积下，沿直径测量试样厚度不少于3点，取其算术平均值作为试样厚度，测量误差为 ±0.01 mm。

(2) 用绸布蘸溶剂擦净试样表面，装入仪器内两电极之间，保持良好的接触，开始试验。

(3) 采用连续升压法，试验电压从零开始，按表8.4所规定的速度连续匀速上升，直至试样被击穿，读取击穿电压值，计算介电强度 E_b。

表 8.4　升压速度

击穿电压值/kV	升压速度/(kV·s⁻¹)
<20	1
>20	2

(4) 采用逐级升压，按连续升压所测得试样击穿电压值的50%作为起始电压，停留1min后如试样未被击穿，则按表8.5规定的电压值逐级升压，并在两级电压停留1min，直至试样被击穿为止。若在升压过程中发生击穿时，应读取前一级的电压值。若击穿发生在保持不变的电压级上，则以该级电压作为击穿电压，计算介电强度 E_b。

表 8.5   规定击穿电压与每级升压电压值

击穿电压/kV	5 以下	5~25	25~50	50 以上
每级升压电压值/kV	0.5	1	2	5

3. 测定聚合物的击穿强度与环境温度的关系

测定不同试样从室温至 120℃，每升高 10℃下的电阻 ρ_b 和击穿电压 U_b，分别以 $\ln\rho_b$ 和 $\ln U_b$ 对温度作图，计算所得直线的斜率，并进行比较。

4. 数据处理

媒质 _____   试样 _____

温度 T/℃	厚度 d/mm	击穿电压 U_b/kV					E_b/(kV·mm^{-1})
		U_{b1}	U_{b2}	U_{b3}	U_{b4}	U_{b1} 平均	

【思考题】

1. 讨论升压速度对不同试样的介电强度的影响。
2. 试讨论温度对电击穿和热击穿的影响程度。
3. 比较不同试样的电击穿形式。

第三篇 高分子综合实验

第9章 高分子成型实验

实验 43　高分子反应挤出加工实验

【实验目的】

1. 认识双螺杆挤出机的原理、结构组成。
2. 了解双螺杆挤出机的反应性挤出设计。
3. 了解马来酸酐来接枝到聚乙烯的反应挤出工艺。

【实验原理】

反应挤出是将高分子挤出成型加工与化学反应结合在一起的一种加工技术，它不仅可以实现高分子从原料到材料的成型，还可以改变高分子的物化结构，达到使用性能的优化。具体来说，这种技术以传统的加工设备如螺杆挤出机为化学反应器，将参与反应的单体、催化剂、助剂及聚合物等在加工设备中实现混合、输送、塑化、化学反应和加工成型，制备高性能多功能高分子材料。

双螺杆挤出机作为一种最广泛使用的连续化学反应器，已经广泛用于聚合物的分子改性和聚合物功能化以及聚合反应，包括内酰胺和内酯的阴离子聚合、聚氨酯的加聚，以及各种嵌段共聚反应等，其他反应还涉及聚合物的接枝、交联、卤化、酯交换和热降解等，还可以对已有的聚合物进行改性。

聚乙烯是目前产量最大、应用最广的通用塑料之一，它的分子链仅由—CH_2—组成，不含其他官能团，属于非极性材料，故尽管 PE 用处很广，但仍存在表面可修饰性差、与其他聚合物相容性差、黏结性和印刷性差等缺点。

选用马来酸酐来接枝到聚乙烯分子链上，可以改善 PE 的极性，从而改善 PE 的上述性能。聚乙烯与马来酸酐的接枝是自由基反应。当过氧化物引发剂在高温下分解出初级自由基后，初级自由基从聚乙烯分子链上夺取质子发生终止，从而形成聚乙烯大分子自由基，进而与马来酸酐的双键进行加成，使马来酸酐接枝到聚乙烯分子链上形成接枝产物。这个反应最佳的实现方法就是反应挤出，具体的反应式如下：

$$R-O-R \longrightarrow 2R-O\cdot$$

$$R-O\cdot + \sim CH_2-CH_2 \sim \longrightarrow \sim CH_2-CH\cdot \sim$$

$$\sim CH_2-CH\cdot \sim + CH=CH \longrightarrow \sim CH_2-CH \sim$$

在反应过程中还存在其他一些副反应，如马来酸酐的均聚、大分子自由基之间的偶合所导致的扩链、交联等。这些副反应对于接枝反应是不利的，应该尽量避免。

$$R-O\cdot + CH=CH \longrightarrow \sim[CH-CH]_n \sim$$

$$\sim CH_2-CH\cdot \sim + \sim CH_2-CH\cdot \sim \longrightarrow \sim CH_2-CH \sim / \sim CH_2-CH \sim$$

【实验内容】

1. 仪器和试样

仪器　双螺杆挤出机 1 台、台秤和电子天平、平板压机、高速分散混合机、熔融指数测定仪、红外光谱仪、索氏抽提装置。

试样　高密度聚乙烯树脂（HDPE，MFR＝6），马来酸酐（MAH，纯度 99%），过氧化二异丙苯（DCP，工业品），受阻酚类抗氧剂（抗氧剂 1010，工业品），液体石蜡（工业品），二甲苯（化学纯），丙酮（分析纯）。

2. 实验步骤

（1）聚乙烯与马来酸酐的熔融接枝

① 打开双螺杆挤出机电源开关，将挤出机各段温度设定为

Ⅰ区	Ⅱ区	Ⅲ区	Ⅳ区	Ⅴ区	机头
150℃	180℃	200℃	200℃	210℃	210℃

待各区温度到达设定值后，继续加热 30min 启动主机。

② 按照表 9.1 中配方，准确称取 HDPE、MAH、DCP 和其他助剂。先将 HDPE 加入高速混合机，加入适量液体石蜡后启动高速分散机搅拌约 1min，然后关闭分散机，加入各种助剂，再启动高速分散机搅拌混合 2min，将混合物料倒出后备用。

表 9.1　聚乙烯接枝马来酸酐的配方

实验编号	HDPE	DCP	MAH	抗氧剂 1010	液体石蜡
1	1000g	0～5g	6g	3g	10mL
2	1000g	1.0g	6g	—	10mL
3	1000g	1.5g	—	3g	10mL

③ 将物料加入挤出机料斗，启动双螺杆挤出机主机并调节变频器频率至 30Hz（电流约为 10A），启动加料电机，调节加料螺杆转速为 30r·min^{-1}，物料开始进料。待熔融物料从

机头挤出并进入正常挤出状态后，将挤出物牵条，经水冷和风冷干燥后切粒。

④ 待物料全部挤出完毕后，用 1kg 左右纯聚乙烯树脂对挤出机螺杆和料筒进行清理，然后依次关闭加料电机、主机、各加热段，最后关闭挤出机电源。

（2）聚乙烯/马来酸酐接枝物的表征

接枝物的表征分为接枝率测定和扩链（交联）程度表征两部分：

① 红外光谱法测定接枝率

取少许接枝物（数十粒）放入 50mL 烧杯中，加入 25mL 二甲苯，在电炉上加热至微沸，用玻璃棒搅拌，使接枝物溶解。该步骤应在通风橱中进行。

待溶液冷却后，聚合物以淤浆状析出沉淀。将沉淀物包入滤纸包中，放入索氏抽提器中用丙酮作为溶剂进行回流萃取，以去除接枝物中残留的未反应单体和可能的马来酸酐均聚物，回流萃取时间至少 8h。

将滤纸包取出并将抽提物烘干，将平板压机加热至 180℃。用聚酯薄膜做膜板将抽提物压制成厚度约为 0.1mm 的红外光谱膜片。使用红外光谱仪对膜片进行扫描，得到接枝物的红外谱图。

根据红外谱图上 1790cm^{-1} 位置上有无马来酸酐羰基的特征吸收峰来判断马来酸酐是否接枝到聚乙烯大分子链。以聚乙烯在 2040cm^{-1} 处的吸收峰作为内标，用 1790cm^{-1} 位置上马来酸酐特征吸收峰的高度与 2040cm^{-1} 处聚乙烯特征吸收峰的高度计算吸光比 R。

② 扩链（交联）程度表征

在挤出过程中分别取样，测定接枝物的熔体流动速率（190℃，2.16kg），根据接枝物熔体流动速率与原料 HDPE 熔体流动速率的差值，比较接枝后聚乙烯大分子链的扩链（交联）程度，同时建立接枝后物料的扩链（交联）程度与过氧化物用量的关系。

【思考题】

1. 用挤出机进行聚乙烯的熔融接枝反应具有哪些优缺点？
2. 如何在聚乙烯的熔融接枝过程中抑制扩链和交联等副反应？
3. 双螺杆挤出机用以反应挤出的特点是什么？

实验 44　热塑性弹性体的反应共混改性

【实验目的】

1. 认识高剪切乳化机的原理、结构组成。
2. 了解高剪切乳化机制备 SBS 改性沥青过程。
3. 掌握 SBS 改性沥青的基本的结构与性能测试。

【实验原理】

沥青是石油化工的下游产品，具有优良的黏结性、延展性和防水防腐性，被广泛应用于道路、建筑等领域。在我国，沥青产品多用于高速公路建设。随着国民经济发展，交通量迅速增长，高等级公路发展很快。但是，沥青温度敏感性大，在高温下趋向流动，在低温时发脆，不能适应高等级公路的要求。

苯乙烯-丁二烯-苯乙烯嵌段共聚物（SBS）是一种热塑性弹性体，是当前使用较为普通的沥青改性剂，用于提高沥青的高温、低温性能和抗热老化性能。双螺杆挤出是苯乙烯热塑性弹性体改性沥青的一种常用的工艺。本实验将以沥青与 SBS 经双螺杆挤出机反应共混为例，进行深入的探讨，帮助同学们进一步了解聚合物反应共混的制备过程及其性能测试。

【实验内容】

1. SBS 改性沥青的加工条件及常规性能。
2. SBS 改性沥青的相容性评价。

【实验步骤】

1. 苯乙烯热塑性弹性体与沥青进行反应挤出改性

（1）准备机组开机后必须使用的工具和物品，如温度计、抹布等。

（2）检查总电源和高速剪切乳化机电源是否打开，显示是否正常。

（3）预热升温，按工艺要求对基质沥青加热至 160℃。

（4）加入设定的热塑性弹性体 SBS 用量，将其与沥青搅拌混合均匀。

（5）用手盘动主电机联轴器，看是否能转动。

（6）主机转动若无异常，低速启动剪切机，开始剪切，注意观察剪切分散情况，搅拌 45min。

（7）注意整个机组运转情况。如有异常应及时停车处理。

（8）另一组加入 0.12% 的稳定剂，剪切搅拌 45min，对比两组式样的常规性能和相结构。

（9）停车步骤：

① 降低转速；

② 停止剪切机，断开各段加热器电源开关；

③ 进行相关的清洗工作。

2. 性能测试部分

将上述反应成型的样条进行力学性能分析，扫描电子显微镜观察结构，红外光谱分析化学功能团的变化。

【思考题】

1. 什么是石油沥青？主要用途都有哪些？
2. SBS 和沥青结合的原理是什么？
3. 高速公路用改性沥青的主要考虑因素有哪些？

实验 45 聚合物复合材料的综合实验

【实验目的】

1. 了解双螺杆挤出机制备高分子合金过程。
2. 掌握高分子材料合金共混的结构与性能测试。
3. 了解树脂基复合材料的注射制备方法。

【实验原理】

聚合物的种类和性质多种多样，它们的性能也各有优缺点，在实际使用中，为了克服聚合物的某些缺陷，往往需要将聚合物与其他组分复合以得到使用性能更好的材料。第二组分可以是另一种聚合物，也可以是小分子、无机粒子、高性能纤维、薄膜等，它们的复合工艺也各不相同。从工艺角度出发，双螺杆挤出也是一种不错的选择。本实验将以尼龙与马来酸酐接枝的聚乙烯经双螺杆挤出机共混为例，进行更深入的探讨，以帮助同学们了解聚合物复合材料的制备过程及其性能测试。

尼龙是分子链上具有酰胺键的聚合物的总称，典型代表是 PA-6 和 PA-66，是性能优良的工程塑料，在汽车、电器、仪表等许多工业领域应用广泛。但是，尼龙分子链上的酰胺键吸水，导致尼龙制品吸湿性较高，导致制品的尺寸稳定性、电性能以及机械强度受到不利影响；其次，PA-6 和 PA-66 的低温韧性较差，低温下受力易发生脆性破坏；另外尼龙价格较高，一定程度上限制了尼龙的应用。

采用聚乙烯（PE）与尼龙（PA）进行共混可以改进和提高尼龙的上述性能。聚乙烯可以明显降低尼龙的吸水率，从而提高制品的尺寸稳定性和电性能。聚乙烯对尼龙还可以起到增韧作用，提高制品的干态和低温状态下的冲击强度，改善尼龙的力学性能。价廉的聚乙烯还可以大幅度地降低尼龙的生产成本。尼龙与聚乙烯的大的极性差异导致二者共混时的相容性极差。

加入相容剂来改善共混相容性。尼龙与聚乙烯共混的相容剂可以通过聚乙烯接枝马来酸酐与尼龙进行反应挤出来制取，其原理如下：

尼龙与聚乙烯的嵌段（或接枝）共聚物，它们在熔融挤出共混过程中可以对尼龙和聚乙烯可以起到共混相容剂的作用：一方面通过降低尼龙与聚乙烯两相间的界面张力，提高两相的分散程度；另一方面增强两相之间的界面结合力，从而形成了具有良好分散性和牢固界面结合的共混形态。

【实验仪器和试样】

仪器 双螺杆挤出机 1 台、注射成型机 1 台、台秤和电子天平、平板压机、高速分散混合机。

试样　高密度聚乙烯树脂（HDPE，MFR＝6），尼龙-6（挤出级），聚乙烯接枝马来酸酐（HDPE-*g*-MAH）。

【实验步骤】

1. HDPE、PA-6 和 HDPE-*g*-MAH 的挤出共混

（1）准备机组开机后必须使用的工具和物品，如剪刀等。

（2）检查总电源和主机控制柜电源是否打开，电控柜显示是否正常。

（3）预热升温　按工艺要求对各加热区温控仪表进行参数设定。设定后继续恒温20min，同时进一步确定各段温控仪表和电磁阀工作是否正常。

（4）恒温期间将冷却水槽中加入冷却水，准备好原料，多种材料要预先混合均匀。

（5）用手盘动主电机联轴器，保证螺杆沿正常方向至少转动三转（正常方向是指从电机端视之应为顺时针旋转）。将主机调速按钮设置在零位，启动主电机，逐渐升高主螺杆转速，在不加料的情况下空转，转速应不高于$50r \cdot min^{-1}$，时间不大于1min，检查主机空载是否稳定。

（6）主机转动若无异常，低速启动喂料机，开始加料。

（7）注意整个机组运转情况。如有异常应及时停车处理。

（8）切粒机转速根据拉出样条速度调整。

（9）停车步骤：

① 停止喂料机。

② 逐渐降低主螺杆转速，尽量排尽机筒内残余物料，物料排完后停止双螺杆主机；即转速调至零位，按下主电机停止按钮。

③ 依次停止冷却风机、油泵，断开电控柜上各段加热器电源开关。

④ 停止切粒机等辅助设备。

2. 复合粒子注射成型

将复合粒子经注射成型得到力学性能的测试样条，每个配方至少5个样条。

3. 性能测试部分

将上述注射成型的样条进行扫描电子显微镜观察结构、红外光谱分析化学功能团的变化。

【思考题】

1. 结合本实验，如何理解聚合物复合共混的相似相容原理？

2. 双螺杆挤出机还适合聚合物与其他材料复合吗？试举例。

3. 若将石墨烯这类片状材料与聚合物复合，哪种方式较好？为什么？

实验46 纳米复合材料的制备与性能

【实验目的】

1. 了解柔性介电储能材料的基本物理性质。
2. 掌握热塑性纳米复合材料的制备方法。
3. 掌握复合材料介电性能与储能性能的测试原理与仪器使用。

【实验原理】

储能系统及器件在电力、电子、汽车及国防等工业中都是不可或缺的。目前，大容量和轻便化是储能系统及器件的发展方向。常见的储能系统及器件包括静电电容器、电化学电容器、锂离子电池及燃料电池等。其中，静电电容器具有超高能量密度和放电速率，在小型化电子器件（如计算机内存）以及国防（如激光武器及电磁炮）等领域有着重要的应用。电介质材料是静电电容器的核心组成部分。

高分子材料因具有易加工、质量轻的优点，是制备储能系统及器件的一类重要的电介质材料。以一维、二维或三维的纳米尺寸的金属、无机粒子、纤维等为分散相，通过适当的制备方法将它们均匀地分散于高分子基体材料中，就形成了纳米高分子基复合材料。这种复合材料往往具备比单纯的高分子材料更为优异的力学、光学或电学性能。

可以用四个参数表征一种电介质材料基本物理性质：介电常数、介电损耗、电阻率及击穿强度。

对于一种电介质材料，其储能密度可以用如下公式 $J = \int_{D_{\max}}^{0} E dD$ 计算，D 代表电位移；E 代表电场。

图 9.1 给出了不同电介质材料的 D-E 曲线（电滞回线），上述公式中的储能密度也就是图 9.1 中的阴影面积。

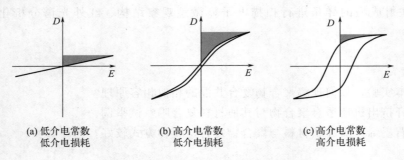

(a) 低介电常数　低介电损耗　　(b) 高介电常数　低介电损耗　　(c) 高介电常数　高介电损耗

图 9.1　几种不同电介质材料的 D-E 曲线

从图 9.1 中可以总结出电介质材料具有高储能密度的三个条件，即同时具有高的介电常数、低的介电损耗和高的击穿强度。举例来说，聚丙烯是一类通用高分子，具有高击穿强度和低介电损耗的特点，但其介电常数较低（2.5 左右），造成储能密度较低（2J·cm^{-3}）。

因此，需要对聚丙烯改性来制备高储能密度的器件。本实验将探索制备高储能密度的纳米高分子基复合材料的可能性。通过引入高介电常数的纳米颗粒（如钛酸钡纳米粒子等），提高高分子基材的介电常数，达到提高其储能密度的目的。

【实验内容】

1. 仪器和试剂

仪器　常规样品制备设备、宽频介电谱仪、铁电仪等大型精密测试仪器。

试剂　钛酸钡纳米颗粒、聚偏氟乙烯（PVDF）粉末、N,N-二甲基甲酰胺（DMF）等。

2. 实验步骤

（1）聚合物纳米复合材料的制备

聚合物纳米复合材料通过溶液共混法制备。首先，在室温下取纳米颗粒加入含有 DMF 的烧杯中，用超声棒超声分散 30min。同时，相应含量的聚合物（PVD）加入另一个含有 DMF 的烧杯中，80℃下搅拌溶解。接着，把纳米钛酸钡颗粒悬浮液和 PVDF 溶液混合在一起，80℃下搅拌 30min。然后把得到的混合物倒到已调平的热玻璃板（120℃）上，快速挥发溶剂，再 80℃真空干燥 12h。最后，得到的聚合物纳米复合材料在平行板硫化机上压成薄膜，压力为 20MPa，温度为 180℃。纳米粒子的含量分别为 10%～20%（体积比）。

（2）性能测试

将制得的样品裁剪成边长 30mm 的圆片，上下镀上金电极（上下表面电极都是圆心对称的圆，半径远大于样品厚度），采用宽频介电谱仪测试纳米复合材料的介电常数和介电损耗与频率的变化曲线；采用铁电仪测试电滞回线，计算储能密度和储能效率。

【思考题】

1. 电介质材料的储能密度与哪些物理参数有关？
2. 介电储能材料有何应用？
3. 制备高储能密度的主要方法有哪些？

第10章 功能高分子综合实验

实验 47 聚酰亚胺的合成及其成膜实验

【实验目的】

1. 通过聚酰亚胺的合成及其成膜实验，让学生掌握聚酰亚胺合成的特殊性。

2. 理解聚酰亚胺成型加工的特殊工艺。了解聚酰亚胺的研究方法，对聚酰亚胺发展有一个大概的展望。

3. 通过聚酰亚胺的合成及其成膜实验，了解聚酰亚胺的发展历史。

【实验原理】

聚酰亚胺（polyimide，PI）是一类具有酰亚胺重复单元的聚合物，具有适用温度广、耐化学腐蚀、高强度等优点。自 1961 年杜邦公司首次推出聚酰亚胺的商品，聚酰亚胺作为一种特种工程材料，已在航空、航天、电子、膜技术等领域得到广泛的应用。

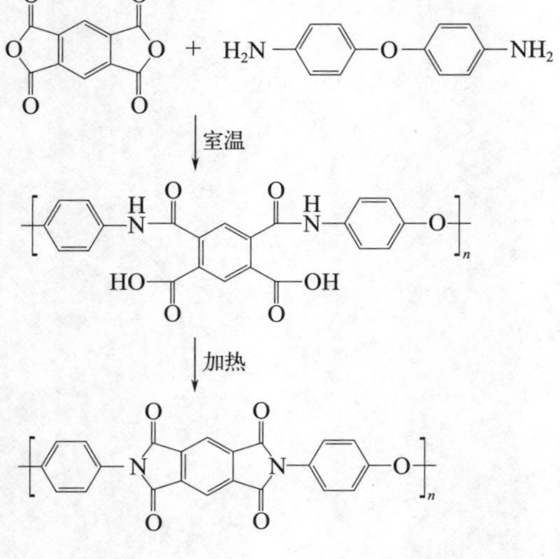

实验课前，学生查阅相关资料和文献，了解聚酰亚胺的历史、用途、测试、发展趋势。

【实验内容】

1. 仪器和原材料

仪器　平面流平成膜机、物理性能检测设备。

原材料　均苯四甲酸二酐、4,4′-二氨基-二苯醚、N,N-二甲基乙酰胺、甲苯。

2. 主要步骤

（1）精确称取等物质的量的均苯四甲酸二酐和 4,4′-二氨基-二苯醚，在 N,N-二甲基乙酰胺中搅拌，控制温度。反应至黏度不再上升，反应结束。

（2）控制适当的黏度，在成膜机上自由流平。升到 340℃左右脱水成环。

（3）在各种仪器上测试数据。

（4）完成实验报告。

【思考题】

启发同学，鼓励学生自己提出和解决问题。

实验 48 可溶性聚酰亚胺的制备与表征

【实验目的】

1. 掌握聚酰胺酸制备以及化学亚胺化和热亚胺化的方法。
2. 掌握聚酰亚胺类聚合物的表征方法。

【实验原理】

聚酰亚胺（PI）是一类以酰亚胺环为结构特征的聚合物材料，具有优良的热稳定性、化学稳定性、耐辐射性能、力学性能和介电性能等，在航天航空、电工电气、薄膜、塑料、胶黏剂、涂料和光刻胶等领域得到了广泛应用。但 PI 也存在不溶、不熔、加工成型难、成本高等缺点，如何克服这些缺点是该材料领域亟待解决的问题。

本实验采用双酚 A 型二酐和含醚键的二胺单体为原料，将—O—和—C(CH$_3$)$_2$—柔性链节和基团分别引入聚酰亚胺的大分子主链和侧链，用于降低分子间的相互作用，制备具有相对良好加工性能和低成本的聚酰亚胺。

要求实验课前，学生查阅相关资料文献，了解聚酰亚胺的制备方法、表征等。

【实验仪器和试剂】

仪器 150mL 三颈瓶、加热恒温烘箱。

试剂 2,2-双〔4-(3,4-二羧基苯氧基)苯基〕丙烷二酐（BPADA）、4,4'-二氨基二苯醚（ODA）、乙酸酐、三乙胺、N,N-二甲基乙酰胺（DMAc）。

【实验步骤】

（1）精确称取等物质的量的 BPADA 和 ODA，用溶剂 DMAc 溶解反应，为了防止溶液黏度增加过快，可以采用逐次递减的方式分批加入 BPADA 至等物质的量。反应至黏度不再上升，反应结束，得到黏稠的聚酰胺酸（PAA）溶液。

（2）聚酰胺酸的亚胺化方法有两种：化学亚胺化和热亚胺化。

① 化学亚胺化　向上述 PAA 溶液中加入适量的乙酸酐/三乙胺的混合物，然后在室温下继续搅拌 18h，得到均一黏稠的聚酰亚胺聚合物溶液。

② 热亚胺化　将上述制备的 PAA 的 DMAc 溶液均匀涂覆在洁净的玻璃板上，然后置于涂膜烘箱中，分别于 100℃、150℃、200℃、250℃ 和 300℃ 依次加热 1h、1h、1h、2h、2h，然后冷却即可得到聚酰亚胺薄膜。

【实验产物表征】

1. 取少量产物做不同溶剂中的溶解性分析。
2. 取少量产物做红外光谱分析，确定功能基团的存在。
3. 对固化后的样品做 DSC 测试，确定其玻璃化转变温度。
4. 试样成膜后，做拉伸性能测试。

【思考题】

1. 试讨论不同结构对 PI 溶解性的影响。
2. 试讨论影响产物性能的影响因素。

实验 49 功能性环氧树脂的合成与性能

【实验目的】

1. 了解环氧树脂尤其是酚醛型环氧树脂目前的应用领域及应用前景。
2. 了解酚醛型环氧树脂的合成及固化方法。
3. 了解酚醛型环氧树脂的物理表征手段。

【实验原理】

酚醛型环氧树脂主要有苯酚线型酚醛型环氧树脂和邻甲酚线型酚醛型环氧树脂两种。酚醛型环氧树脂的合成方法与双酚 A 型环氧树脂类似，都是利用酚羟基与环氧氯丙烷反应来合成的，不同的是前者利用线型酚醛树脂中酚羟基与环氧氯丙烷反应而后者是利用双酚 A 中的酚羟基与环氧氯丙烷反应。酚醛型环氧树脂环氧含量高，黏度较大，固化后产物交联密度高，具有良好的物理机械性能。主要用于制作各种结构件，电器元件等。

酚醛型环氧树脂的合成一般分两步进行：①由苯酚和甲醛合成线型酚醛树脂；②由线型酚醛树脂与环氧氯丙烷反应合成酚醛型环氧树脂。反应原理如下所示：

（1）合成线型酚醛树脂 苯酚和甲醛在催化剂作用下生成低分子量的酚醛树脂。在合成过程中，为了使反应平缓，完全，降低色泽，提高产率，采用先加弱酸再加强酸的工艺，为了控制酚醛树脂的软化点不至于太高，在合成过程中可以加入部分水。

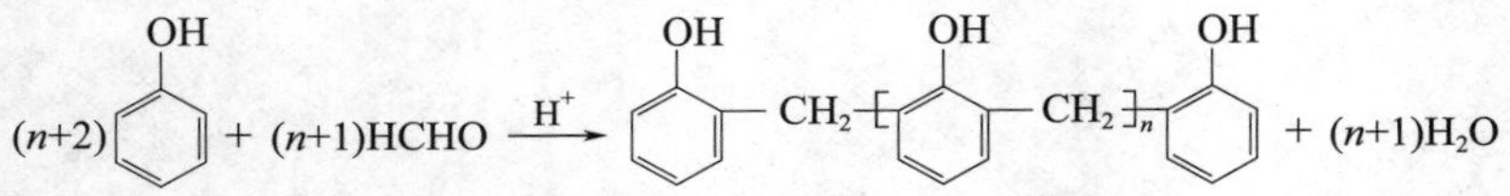

$$(n+2)\ce{C6H5OH} + (n+1)HCHO \xrightarrow{H^+} \text{线型酚醛树脂} + (n+1)H_2O$$

（2）环氧化 上一步生成的线型酚醛树脂与环氧氯丙烷在催化剂作用下进行醚化反应然后在氢氧化钠的作用下脱除氯化氢进行闭环反应。

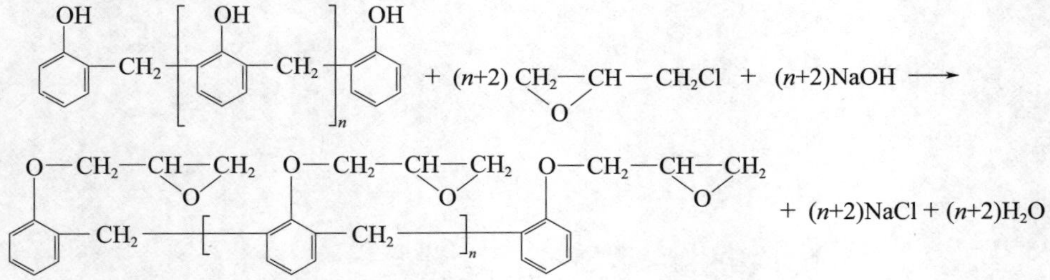

$$\text{线型酚醛树脂} + (n+2)CH_2-CH-CH_2Cl + (n+2)NaOH \longrightarrow$$

$$\text{酚醛型环氧树脂} + (n+2)NaCl + (n+2)H_2O$$

【实验仪器和试剂】

仪器 150mL 三颈瓶、油浴锅、回流冷凝管、旋蒸瓶。

试剂 苯酚、草酸、盐酸、甲醛、环氧氯丙烷、氢氧化钠、甲苯、4,4′-二氨基二苯甲烷。

【实验步骤】

（1）在带有搅拌器的三颈瓶中加入苯酚（9.4g）、甲醛（1.2g）、去离子水（0.18g），搅拌均匀后加入 1mL 草酸，加热升温至 70℃，反应 5h 冷却，之后加入少量碳酸氢钠溶液中和过量的酸，之后加热减压脱水。

（2）在步骤（1）溶液中加入环氧氯丙烷（9.2g）和催化剂四丁基溴化铵，加热升温70℃，反应 3h，冷却至室温加入适量氢氧化钠溶液（4.0g），继续反应 2h 至反应结束。加入甲苯，用水萃取三次，洗至水溶液呈中性。旋转蒸发脱去甲苯，收集产物，干燥，称量，计算产率。即得酚醛型环氧树脂。

（3）环氧树脂的固化。取适量的环氧树脂 1g，加入 4,4′-二氨基二苯甲烷 0.28g，搅拌均匀，放到模具中，150℃固化 3h，180℃后固化 2h。

【实验产物表征】

1. 取少量产物做核磁分析，确定其化学结构。
2. 取少量产物做红外光谱分析，确定环氧基的存在。
3. 对固化后的样品做 DSC 测试，确定其玻璃化转变温度。

【思考题】

1. 讨论甲醛与苯酚投料比对生成的酚醛树脂有什么影响。
2. 讨论第二步闭环反应过程中加入氢氧化钠量的多少对反应的影响。
3. 试优化本实验的反应流程，使固化的环氧树脂具有更高的玻璃化转变温度。

实验 50　双酚 A 型苯并噁嗪的合成与性能

【实验目的】

1. 了解苯并噁嗪类有机小分子或聚合物。
2. 学习苯并噁嗪的合成方法以及基本表征。

【实验原理】

苯并噁嗪（benzoxazine）是由 N-取代-3,4-二氢-1,3-苯并噁嗪中间体制得的聚合物，属于热固性树脂。苯并噁嗪又名氧氮杂四氢化萘，可由伯胺化合物、酚类化合物与甲醛缩合环化而成。它与环氧树脂相似，具有优良的成型加工性能，适用作高性能复合材料基体树脂、制造层压材料和模压制品。

苯并噁嗪是一种含有 N、O 的苯并六元杂环化合物，它是由酚类化合物、甲醛以及伯胺类化合物按官能团比 1∶2∶1 经 Mannich 反应缩合而成，其合成机理如图 10.1 所示：

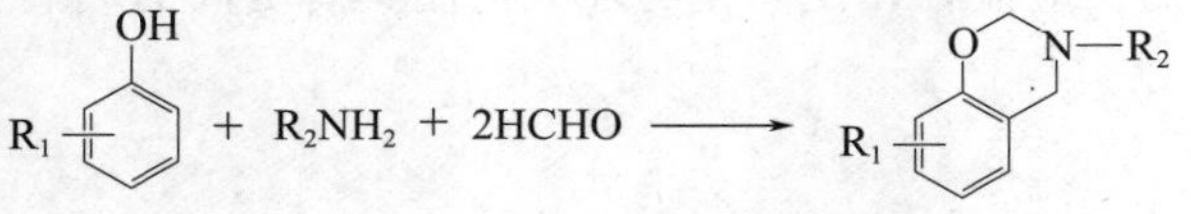

图 10.1　苯并噁嗪分子的合成

苯并噁嗪属于热开环自固化机理，且固化过程不产生副产物。苯并噁嗪开环反应如图 10.2 所示：

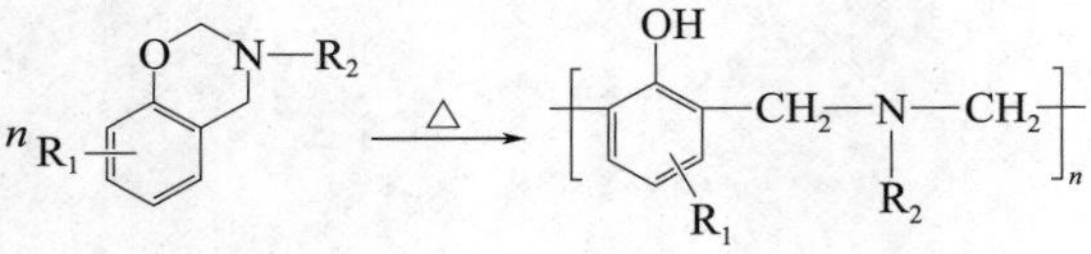

图 10.2　苯并噁嗪的开环固化机理

由于酚类和胺类原料有多种可选性，苯并噁嗪具有很强的分子设计性。本实验选取双酚 A、苯胺、甲醛水溶液作为原料。反应方程式如图 10.3 所示：

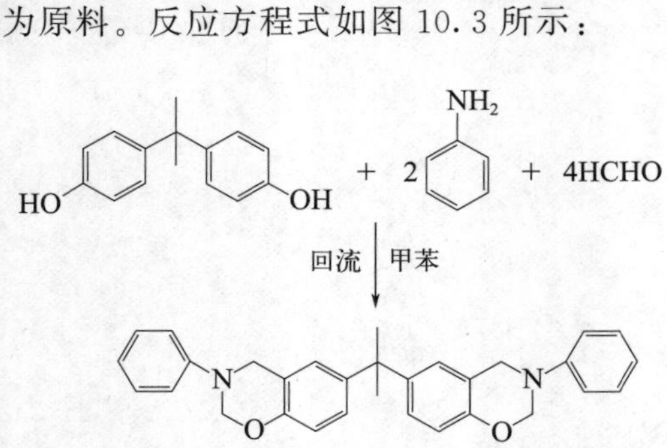

图 10.3　双酚 A 型苯并噁嗪分子的合成

反应之后产物可以通过红外和核磁等基本结构表征验证。噁嗪环在红外和核磁中都有特征峰出现，易于判别。

【实验仪器和试剂】

仪器　100mL 三颈瓶，油浴锅、回流冷凝管。

试剂　双酚 A、苯胺、甲醛水溶液、甲苯。

【实验步骤】

1. 苯并噁嗪的合成

将一定量的双酚 A（0.01mol），苯胺（0.02mol）和甲醛水溶液（含甲醛 0.04mol），置于 100mL 三颈瓶中，加入 50mL 甲苯，加热使其溶解，溶解之后回流反应约 5h。整个过程中，反应体系中的现象为固体原料逐渐溶解，溶液逐渐由无色变黄，且随反应时间延长颜色变深。反应之后，产物依次用稀盐酸和去离子水洗涤，之后真空烘箱（约 60℃）烘干。

2. 产物的表征

将得到的产物用核磁和红外等结构表征方法测试，验证成功与否。

【思考题】

1. 试讨论开环反应的特点及其影响因素。
2. 本实验是否有副产物产生？如何能提高主要产物的转化率？

实验 51 聚醚胺的合成与性能

【实验目的】

1. 了解刺激响应性聚合物的性质及原理。
2. 了解聚醚胺的合成及高分子化合物的基本表征方法。

【实验原理】

聚醚胺（PEA）指端氨基聚醚，包括端氨基聚氧化丙烯醚和端氨基聚氧化乙烯醚等，又称聚醚多胺，简称 ATPE，分子结构中含有醚键，属柔性固化剂。通常用作环氧胶黏剂的韧性固化剂，也可用作聚酯的活性扩链剂，还用作聚氨酯和聚脲的固化剂。

目标产物聚醚胺由聚环氧乙烷 [poly(ethylene oxide)，PEO]、聚环氧丙烷 [poly(propylene oxide)，PPO] 和哌嗪共聚而成，得到的产物为一种胶体，具有刺激响应性，随温度、pH 及离子强度等物理条件的不同而表现出不同的状态。在高温、高 pH 或高离子强度的条件下，原本溶于水的 PEA 会从水中析出，导致溶液变浑浊。聚合物溶液由澄清变浑浊时的温度称为浊点。不同的原料比例、不同的 pH 或不同的离子强度都会导致浊点的改变。由于 PEA 具有刺激响应性和生物适应性，所以在药物的运输、缓释、分离及生物工程方面有重要价值。

反应方程式：

这是一个亲和开环加成反应。

原料中，PEO 主链上的氧原子能与水中的氢原子形成氢键，所以能溶于水。而 PPO 由于有甲基作为支链，阻碍主链上氧原子与水中的氢原子形成氢键，从而不能溶于水。共聚之后，合成的 PEA 会有 PEO 为主的亲水端和 PPO 为主的疏水端，亲水端会将疏水端包覆在内部，从而形成了胶束，所以 PEA 是胶体。

（1）PEA 对温度产生刺激响应性的原因　在升温过程中，高温会使 PEA 中亲水端与水所形成的氢键断裂，导致 PEA 在水中溶解度降低，从水中析出，从而溶液变浑浊。

（2）PEA 对 pH 产生刺激响应性的原因　由于原料中含有哌嗪，所以共聚物 PEA 中含有叔胺基，叔胺基可以抢夺水中的质子形成类似于氢键的 N—H 而溶于水。改变 pH 可以改变溶液中氢离子的浓度，从而改变 N—H 的数量来改变 PEA 的溶解度。

（3）PEA 对离子强度产生刺激响应性的原因　其原理类似于盐析原理，在 PEA 水溶液中加入大量无机盐，无机盐离子会破坏 PEA 的水合作用，从而降低 PEA 的溶解度，使浊点降低。

（4）反应物配比对浊点的影响　由于 PEO 能溶于水，PPO 不溶于水，当两者配比不同时，聚合物浊点也不相同，PEO 配比越高，聚合物中能形成的氢键越多，溶解度就越好，浊点就越高，由于实验条件和时间的限制，本实验暂不讨论不同原料配比下浊点的不同。

【实验仪器和试剂】

仪器　150mL 三颈瓶、油浴锅、回流冷凝管、旋转蒸发仪、旋蒸瓶。

试剂　PEO-DE（$M_n = 500 \text{g} \cdot \text{mol}^{-1}$）、PPO-DE（$M_n = 640 \text{g} \cdot \text{mol}^{-1}$）、无水哌嗪、无水乙醇、pH 缓冲液、浓 HCl（$6\text{mol} \cdot \text{L}^{-1}$）、NaCl 晶体。

【实验步骤】

1. 制备

（1）称取 0.9982g PEO-DE、5.1250g PPO-DE、0.8656g 无水哌嗪备用（PEO-DE：PPO-DE：无水哌嗪 = 1 : 4 : 5）。

（2）将上述原料装入 150mL 三颈瓶中，加入约 30mL 无水乙醇作为溶剂，搭好回流冷凝装置。

（3）通入氮气，在氮气氛围下于油浴锅中加热回流，加热 10min 后达到 80℃，在 80℃下回流 24h。

（4）反应结束后，于室温下冷却，在旋蒸仪上旋蒸掉溶剂，收集产物，干燥，称量，计算产率。

2. 表征

（1）观察 PEA 水溶液加热后的浑浊现象，观察丁达尔现象。

（2）取少量产物做红外光谱分析。

（3）不同离子强度的浊点的测定：配制 $3\text{mg} \cdot \text{mL}^{-1}$ 的 PEA 水溶液，在三个小塑料杯中均加入 3mL 上述水溶液，再向三个杯中分别加入不同量的 NaCl 晶体，溶解后分别测浊点。

（4）不同 pH 下浊点的测定：用 pH 缓冲液配制 $3\text{mg} \cdot \text{mL}^{-1}$ 的 PEA 溶液，在两个小塑料杯中均加入 3mL 上述溶液，其中，一个杯中的溶液直接测浊点；另一个杯中加入两滴浓盐酸，混匀后测浊点。

【思考题】

1. 讨论聚醚胺在不同离子强度、不同 pH 下的浊点与离子强度及 pH 的关系。

2. 试优化本实验的反应流程，以提高产率。

实验 52 水性聚氨酯的合成与性能

【实验目的】

1. 了解水性聚氨酯材料的基本知识及合成方法。
2. 掌握水性聚氨酯的合成工艺，并合成一种水性聚氨酯。
3. 熟悉对聚氨酯材料的基础表征手段如 DLS、拉伸性能测试等。

【实验原理】

聚氨酯（polyurethane，PU）是一类由多异氰酸酯与多元醇（聚醚型或聚酯型）缩聚而成的聚合物总称，其中氨基甲酸酯链段是重复的结构单元。聚氨酯的综合力学性能优良，其分子结构设计性强、力学性能既有很好的弹性，也有较佳的强度，被广泛用于涂料、黏合剂、皮革、建筑保温、交通运输等工业领域。

水性聚氨酯（waterborne polyurethane，WPU）是以水为介质的二元胶态体系，包括聚氨酯水溶液、水分散液和水乳液三种。聚氨酯粒子分散于连续的水相中，也称为水性 PU 或水基 PU。它具有无毒、不易燃烧、不污染环境、节能、安全可靠、不易损伤被涂饰表面、易操作和改性等优点，是一种绿色的高分子材料。

水性聚氨酯是由化学性质明显不同的软段和硬段组成，软段由低聚物多元醇（通常是聚醚二醇和聚酯二醇）组成，硬段由多异氰酸酯或其与小分子扩链剂组成。由于两种链段的热力学不相容性，会产生微观相分离，在聚合物基体内部形成微相区。聚氨酯独特的柔韧性与宽范围的物性可用两相形态学来解释。聚氨酯材料的性能在很大程度上取决于软硬段的相结构及微相分离程度，适度的相分离有利于改善聚合物的性能。

水性聚氨酯制备及固化过程中，其所发生的主要反应是异氰酸酯与活性氢化物的反应，还有异氰酸酯的自聚反应及一些其他交联反应。聚氨酯化学是以异氰酸酯的化学反应为基础的。异氰酸酯与活泼氢化物的反应就是由于活泼氢化物分子中心的亲核中心进攻—NCO 基的碳原子引起的。反应机理如下：

$$R-N=C=O \longrightarrow (R-N=C-OH) \longrightarrow R-N-C-R_1$$

合成聚氨酯预聚体的化学反应有以下几种。

（1）异氰酸酯与羟基反应，生成氨基甲酸酯基团

$$\sim\!\!N=C=O + HO\!\!\sim\ \longrightarrow\ \sim\!\!N-C-O\!\!\sim$$

（2）异氰酸酯与水的反应，生成取代脲基团

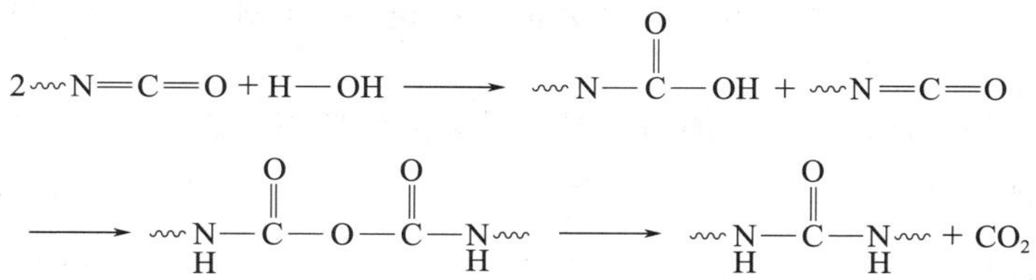

$$2 \sim N=C=O + H-OH \longrightarrow \sim N-\overset{\displaystyle O}{\overset{\|}{C}}-OH + \sim N=C=O$$

$$\longrightarrow \sim N-\overset{\displaystyle O}{\overset{\|}{\underset{H}{C}}}-O-\overset{\displaystyle O}{\overset{\|}{C}}-N\sim \longrightarrow \sim N-\overset{\displaystyle O}{\overset{\|}{\underset{H}{C}}}-\underset{H}{N}\sim + CO_2$$

（3）异氰酸酯与氨基甲酸酯反应，生成脲基甲酸酯基团

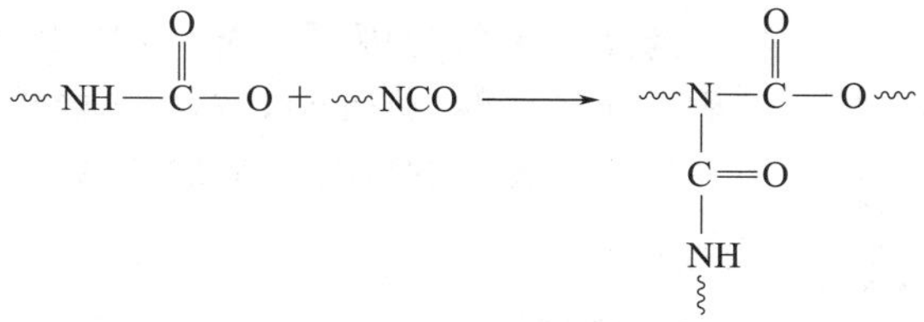

$$\sim NH-\overset{\displaystyle O}{\overset{\|}{C}}-O + \sim NCO \longrightarrow \sim \underset{\underset{\underset{\overset{|}{NH}}{\overset{|}{C=O}}}{|}}{N}-\overset{\displaystyle O}{\overset{\|}{C}}-O\sim$$

水性聚氨酯通常分为以下几类。

（1）以外观分，水性聚氨酯可分为聚氨酯水溶液（粒径＜1nm）、聚氨酯分散体（粒径1～100nm）和聚氨酯乳液（粒径＞100nm）。

（2）以亲水性基团的电荷性质分，水性聚氨酯可分为阴离子型水性聚氨酯、阳离子型水性聚氨酯和非离子型水性聚氨酯。

（3）以合成单体分，水性聚氨酯可分为聚醚型、聚酯型和聚醚聚酯混合型。

（4）以产品包装形式分，水性聚氨酯可分为单组分水性聚氨酯和双组分水性聚氨酯。

WPU乳液的制备方法通常分为两种：外乳化法和自乳化法。外乳化法就是在乳化剂、高剪切力条件下强制乳化，自乳化法又称为内乳化法，指PU链段中含有亲水成分，乳化时不需要再添加乳化剂即可形成稳定乳液。

外乳化法工艺简单，但是存在如下明显缺点：

（1）制得的分散液粒径较大，且储存稳定性差；

（2）分散需要强力搅拌装置，搅拌情况对分散液的性能影响很大；

（3）乳化剂的存在影响成膜后膜的耐水性、强韧性和粘接性等力学性能和其他使用性能。

根据分子结构上亲水基团的类型，自乳化型WPU可分为阳离子型、阴离子型、两性型和非离子型。其中，阳离子PU是在预聚体溶液中使用N-烷基二醇扩链，引入叔氨基，然后经季铵化或用酸中和实现自乳化。而阴离子型是采用2,2'-二羟甲基丙酸（DMPA）、二氨基烷基碘酸盐等为扩链剂，引入碘酸基或羧基，再用三乙胺等进行中和并乳化。本次试验根据实验室条件，选择制备羧酸型PU，并用DMPA引入羧基。

DMPA是制备羧酸型WPU最好的亲水基化合物。在PU合成反应过程中，它使反应体系呈酸性。在酸性条件下。—NCO基和—OH基反应温和，而—NHCOO—基不参与反应，不会造成凝胶。另外，DMPA还起扩链剂的作用，使亲水基位于大分子链段中，用叔胺作为中和剂可以制备稳定性好、成膜耐水性佳的WPU。

WPU的合成主要有以下两个步骤：

（1）带两个活泼氢的低聚化物与多异氰酸酯反应生成端异氰酸酯基的中、高分子量PU预聚体；

（2）在剪切力作用下于水中分散。

预聚体的合成有两种方法：

（1）一步法　二异氰酸酯、低聚物多元醇、扩链剂、DMPA 一起加热反应制备含羧基预聚体。

（2）两步法　先由低聚物二元醇与过量二异氰酸酯反应生成预聚体，再用 DMPA 扩链，生成含有羧基的预聚体。

【实验仪器和药品】

仪器　电动搅拌器、分析天平、恒温油浴锅、烘箱。

药品　聚氧化丙烯二醇（PPG2000，$M_w = 2000$），异佛尔酮二异氰酸酯（IPDI），2,2-二羟甲基丙酸（DMPA），N-甲基吡咯烷酮（NMP），辛酸亚锡，三乙胺，丁二胺，去离子水。

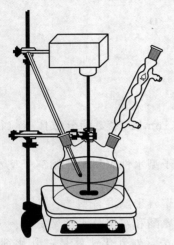

图 10.4　WPU 的反应装置图

【实验步骤】

1. 搭好装置，如图 10.4 所示。在三颈瓶中加入 38.5g PPG2000，1.94g DMPA 和 7g NMP 溶液（DMPA 提前溶于 NMP 中），低速搅拌。

2. 预反应：待反应瓶内温度达到 80℃后，用恒压滴液漏斗滴加 12.8g IPDI，滴完后再加 5 滴辛酸亚锡。将水温提高到 85℃，反应 2h 后降温到 40℃。

3. 离子化：提高转速，加入 1.46g 三乙胺，反应 15min。

4. 乳化：转速提高到 1000r·min^{-1}，滴加 62mL 水（10～15min），观察相反转点（黏度达到极值后突然下降），加完继续反应 5min。

5. 扩链反应：转速 500r·min^{-1}，加入 28.62g 6.25% 的丁二胺水溶液，继续搅拌 15min。

6. 将制得的乳液倒入干净的聚四氟乙烯模具，放入烘箱中成膜。

7. 性能测试。

【数据处理（性能测试）】

1. 拉伸性能测试

将膜制品制成哑铃状试样条，在拉力机上测试其拉伸性能：断裂应力和断裂应变，得到各样品的拉伸曲线。

拉伸结果数据如表 10.1 所示：

表 10.1　WPU 膜的拉伸试验结果

序号	试样厚度/mm	拉伸速度/(mm·min^{-1})	弹性模量/MPa	断裂伸长率/(mm·mm^{-1})
1				
2				
3				
4				
平均				

2. 动态光散射实验（DLS）

动态光散射（dynamic light scattering，DLS）可以检测水性聚氨酯分散液中粒子的粒径大小，其测量原理如下所示：

（1）微小粒子悬浮在液体中会无规则地运动，即布朗运动，粒子的布朗运动导致光强的波动。布朗运动的速度依赖于粒子的大小和胶体黏度，粒子越小，胶体黏度越小，布朗运动越快；

（2）光通过胶体时，粒子会将光散射，在一定角度下可以检测到光信号，所检测到的信号是多个散射光子叠加后的结果，具有统计意义。正在做布朗运动的粒子速度，与粒径（粒子大小）相关（Stokes-Einstein 方程）。

本实验合成的试样的 DLS 实验结果记录于表 10.2 中：

表 10.2　DLS 实验结果

序号	测试温度 $T/℃$	微粒直径 d/nm	所占比例/%
平均			

【思考题】

1. 中和度及乳液 pH 对聚合反应有何影响？
2. 水分对聚合物以及乳化效果有何影响？
3. 如何确定扩链剂的添加量？

实验 53　高吸水性树脂的制备

【实验目的】

1. 了解高吸水性树脂的基本功能及其用途。
2. 了解合成聚合物类高吸水性树脂制备的基本方法。
3. 探讨高吸水性树脂的吸水倍率。

【实验原理】

高吸水性高分子（superabsorbent polymers，SAP，也叫高吸水性树脂）是一种能够吸收并保留远超过其自身质量的功能高分子材料。高吸水性树脂在建筑防水、园林保水、个体卫生用品等领域有着广泛的用途。

高吸水树脂一般为含有亲水基团和交联结构的高分子电解质。吸水前，高分子链相互靠拢缠绕在一起，彼此交联成网状结构，从而达到整体上的紧固。与水接触时，因为吸水树脂上含有多个亲水基团，故首先进行水润湿，然后水分子通过毛细作用及扩散作用渗透到树脂中，链上的电离基团在水中电离。由于链上同离子之间的静电斥力而使高分子链伸展溶胀。由于电中性要求，反离子不能迁移到树脂外部，树脂内外部溶液间的离子浓度差形成反渗透压。水在反渗透压的作用下进一步进入树脂中，形成水凝胶。同时，树脂本身的交联网状结构及氢键作用，又限制了凝胶的无限膨胀。

高吸水树脂的吸水性受多种因素制约，归纳起来主要有结构因素、形态因素和外界因素三个方面。结构因素包括亲水基的性质、数量、交联剂种类和交联密度，树脂分子主链的性质等。交联剂用量越大，树脂交联密度越大，越不能充分地吸水膨胀；交联剂用量太低时，树脂交联不完全，部分树脂溶解而使吸水率下降。形态因素主要指树脂的形态。增大其表面积，有利于在短时间内吸收较多的水，获得较高吸水率。外界因素主要指吸收时间和吸收液的性质。随着吸收时间的延长，水分由表面向树脂产品内部扩散，直至达到饱和。

高吸水树脂多为高分子电解质，其吸水性受吸收液性质，特别是离子种类和浓度的制约。在纯水中吸收能力最高。盐类物质的存在，会产生同离子效应，从而显著影响树脂的吸收能力。遇到酸性或碱性物质，吸水能力也会降低。电解质浓度增大，树脂的吸收能力下降。除盐效应外，还可能在树脂的大分子之间羧基上产生交联，阻碍树脂凝胶的溶胀作用，从而影响吸水能力。

本实验以丙烯酸为聚合单体，N,N-亚甲基双丙烯酰胺为交联剂、过硫酸钾为引发剂聚合。

【实验仪器和试剂】

仪器　容量瓶（250mL、500mL、1L），移液管（1mL、5mL、10mL），量筒（5mL、20mL），烧杯，表面皿，电子天平，烘箱。

试剂　丙烯酸（AA）、N,N-亚甲基双丙烯酰胺（NMBA）、过硫酸钾（$K_2S_2O_8$）、去离子水、NaOH 溶液、丙烯酰胺（AM）。

【实验步骤】

1. 流程图

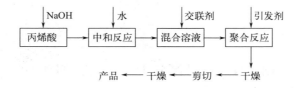

2. 实验步骤

（1）取 20g 丙烯酸于 100mL 烧杯中，逐渐加入 40% NaOH 溶液，使其中和度为 60%～80%；

（2）加入 0.24g 交联剂 N,N-二甲基双丙烯酸胺，0.03g 的过硫酸钾引发剂，不断搅拌直至溶解完全；

（3）将反应物置于三颈瓶中，控制温度 65℃进行反应，1h 后停止搅拌；

（4）将溶液倒入大面积的玻璃培养皿中，然后将其放入温度为 80℃烘箱中进行干燥，待烘烤至成型并且不再粘手时取出，用剪刀将产品剪成小块，并将剪好的小块放在表面皿上继续放入烘箱烘烤约为 3～5h，直至产品完全干燥；

（5）将烘干后的产品称取一定量放入 500mL 烧杯中进行吸水倍率及弹性的测定。

关键技术分析如下所示：

① 加 NaOH 溶液中和时，需慢慢加入，并快速搅拌；

② 聚合反应控制在 65℃左右，以防暴聚；

③ 树脂需剪成尽量小块，使其充分烘干，从而不影响吸水倍率的测定。

【思考题】

1. 高吸水性树脂一般具备什么样的结构？

2. 高吸水性树脂的溶胀原理是什么？

3. 影响高吸水性树脂吸水倍率的因素有哪些？

附　录

附录1　常见高分子（聚合物）的缩写

PA　聚酰胺（尼龙）

PA-6　聚己内酰胺（尼龙-6）

PA-66　聚己二酸己二胺（尼龙-66）

PA-9　聚 9-氨基壬酸（尼龙-9）

PAA　聚丙烯酸

PAAS　聚丙烯酸钠

PABM　聚氨基双马来酰亚胺

PAC　聚氯化铝

PAEK　聚芳基醚酮

PAI　聚酰胺-酰亚胺

PAM　聚丙烯酰胺

PAMS　聚 α-甲基苯乙烯

PAN　聚丙烯腈

PAPA　聚壬二酐

PAPI　多亚甲基多苯基异氰酸酯

PAR　聚芳酰胺

PAR　聚芳酯（双酚 A 型）

PAS　聚芳砜（聚芳基硫醚）

PB　聚丁二烯-[1,3]

PBAN　聚（丁二烯-丙烯腈）

PBI　聚苯并咪唑

PBMA　聚甲基丙烯酸正丁酯

PBN　聚萘二酸丁醇酯

PBR　丙烯-丁二烯橡胶

PBS　聚（丁二烯-苯乙烯）

PBT　聚对苯二甲酸丁二酯

PC　聚碳酸酯

PCD　聚羰二酰亚胺

PCDT　聚（1,4-环己烯二亚甲基对苯二甲酸酯）

PCMX　对氯间二甲酚

PCT　聚对苯二甲酸环己烷对二甲醇酯

PCT　聚己内酰胺

PCTEE　聚三氟氯乙烯

PD　二羟基聚醚

PDAIP　聚间苯二甲酸二烯丙酯

PDAP　聚对苯二甲酸二烯丙酯

PDMS　聚二甲基硅氧烷

PE　聚乙烯

PEA　聚丙烯酸酯

PEC　氯化聚乙烯

PEE　聚醚酯

PEEK　聚醚醚酮

PEG　聚乙二醇

PEN　聚萘二酸乙二醇酯

PEO　聚环氧乙烷

PEOK　聚氧化乙烯

PEP　对-乙基苯酚聚全氟乙丙烯

PES　聚苯醚砜

PET　聚对苯二甲酸乙二酯

PETP　聚对苯二甲酸乙二醇酯

PF　酚醛树脂

PF/PA　尼龙改性酚醛压塑粉

PF/PVC　聚氯乙烯改性酚醛压塑粉

PFA　全氟烷氧基树脂

PFS　聚合硫酸铁

PH　六羟基聚醚

PHEMA　聚（甲基丙烯酸-2-羟乙酯）

PHP　水解聚丙烯酸胺

PI　聚异戊二烯

PIB　聚异丁烯

PIBO　聚氧化异丁烯

PIC　聚异三聚氰酸酯

PIEE　聚四氟乙烯

PIR 聚三聚氰酸酯

PMA 聚丙烯酸甲酯

PMAC 聚甲氧基缩醛

PMAN 聚甲基丙烯腈

PMCA 聚 α-氧化丙烯酸甲酯

PMDETA 五甲基二乙烯基三胺

PMI 聚甲基丙烯酰亚胺

PMMA 聚甲基丙烯酸甲酯（有机玻璃）

PMMI 聚均苯四甲酰亚胺

PMP 聚 4-甲基戊烯-1

POA 聚己内酰胺

POM 聚甲醛

POR 环氧丙烷橡胶

PP 聚丙烯

PPA 聚己二酸丙二醇酯

PPC 氯化聚丙烯

PPG 聚氧化丙烯二醇

PPO 聚苯醚（聚 2,6-二甲基苯醚）

PPOX 聚环氧丙烷

PPS 聚苯硫醚

PPSU 聚苯砜

PR 聚酯

PROT 蛋白质纤维

PS 聚苯乙烯

PSAN 聚苯乙烯-丙烯腈共聚物

PSB 聚苯乙烯-丁二烯共聚物

PSF(PSU) 聚砜

PSI 聚甲基苯基硅氧烷

PTEE 聚四氟乙烯

PTMEG 聚醚二醇

PTMG 聚四氢呋喃醚二醇

PTP 聚对苯二甲酸酯

PU 聚氨酯（聚氨基甲酸酯）

PVA 聚乙烯醇

PVAC 聚醋酸乙烯乳液

PVAL 乙烯醇系纤维

PVB 聚乙烯醇缩丁醛

PVC 聚氯乙烯

PVCA 聚氯乙烯醋酸酯

PVCC 氯化聚氯乙烯

PVDC 聚偏二氯乙烯

PVDF 聚偏二氟乙烯

PVE 聚乙烯基乙醚

PVF 聚氟乙烯

PVFM 聚乙烯醇缩甲醛

PVI 聚乙烯异丁醚

PVK 聚乙烯基咔唑

PVM 聚烯丙基甲醚

PVP 聚乙烯基吡咯烷酮

常用塑料英语缩略语

ABA acrylonitrile butadiene acrylate 丙烯腈/丁二烯/丙烯酸酯共聚物

ABS acrylonitrile butadiene styrene 丙烯腈/丁二烯/苯乙烯共聚物

AES acrylonitrile ethylene styrene 丙烯腈/乙烯/苯乙烯共聚物

AMMA acrylonitrile methyl methacrylate 丙烯腈/甲基丙烯酸甲酯共聚物

ARP aromatic polyester 聚芳香酯

AS acrylonitrile styrene resin 丙烯腈-苯乙烯树脂

ASA acrylonitrile styrene acrylate 丙烯腈/苯乙烯/丙烯酸酯共聚物

CA cellulose acetate 醋酸纤维塑料

CAB cellulose acetate butyrate 醋酸-丁酸纤维素塑料

CAP cellulose acetate propionate 醋酸-丙酸纤维素

CE cellulose plastics general 通用纤维素塑料

CF cresol formaldehyde 甲酚-甲醛树脂

CMC carboxymethyl cellulose 羧甲基纤维素

CN cellulose nitrate 硝酸纤维素

CP cellulose propionate 丙酸纤维素

CPE chlorinated polyethylene 氯化聚乙烯

CPVC chlorinated poly(vinyl chloride) 氯化聚氯乙烯

CS casein　酪蛋白

CTA cellulose triacetate　三醋酸纤维素

EC ethyl cellulose　乙烷纤维素

EMA ethylene/methacrylic acid　乙烯/甲基丙烯酸共聚物

EP epoxy，epoxide　环氧树脂

EPD ethylene propylene diene　乙烯-丙烯二烯三元共聚物

EPM ethylene propylene polymer　乙烯-丙烯共聚物

EPS expanded polystyrene　发泡聚苯乙烯

ETFE ethylene tetrafluoroethylene　乙烯四氟乙烯共聚物

EVA ethylene-vinyl acetate　乙烯-醋酸乙烯共聚物

EVAL ethylene vinyl alcohol　乙烯-乙烯醇共聚物

FEP perfluoro（ethylene propylene）　全氟（乙烯-丙烯）塑料

FF furan formaldehyde　呋喃甲醛

HDPE high density polyethylene plastics　高密度聚乙烯塑料

HIPS high impact polystyrene　高冲聚苯乙烯

IPS impact resistant polystyrene　耐冲击聚苯乙烯

LCP liquid crystal polymer　液晶聚合物

LDPE low-density polyethylene plastics　低密度聚乙烯塑料

LLDPE linear low density polyethylene　线型低密度聚乙烯

LMDPE linear medium-density polyethylene　线型中密度聚乙烯

MBS methacrylate butadiene styrene　甲基丙烯酸-丁二烯-苯乙烯共聚物

MC methyl cellulose　甲基纤维素

MDPE medium-density polyethylene　中密度聚乙烯

MF melamine formaldehyde resin 密胺-甲醛树脂

MPF melamine/phenol formaldehyde　密胺/酚醛树脂

PA polyamide（nylon）　聚酰胺（尼龙）

PAA poly（acrylic acid）　聚丙烯酸

PADC poly（allyl diglycol carbonate）　碳酸二乙二醇酯·烯丙醇酯树脂

PAE polyarylether　聚芳醚

PAEK polyaryletherketone　聚芳醚酮

PAI polyamide imide　聚酰胺-酰亚胺

PAK polyester alkyd　聚酯树脂

PAN polyacrylonitrile　聚丙烯腈

PARA polyaryl amide　聚芳酰胺

PASU polyaryl sulfone　聚芳砜

PAT polyarylate　聚芳酯

PAUR poly（ester irethane）　聚酯型聚氨酯

PB polybutene-1　聚丁烯-1

PBA poly（butyl acrylate）　聚丙烯酸丁酯

PBAN polybutadiene acrylonitrile　聚丁二烯-丙烯腈

PBS polybutadiene styrene　聚丁二烯-苯乙烯

PBT poly（butylene terephthalate）　聚对苯二酸丁二酯

PC polycarbonate　聚碳酸酯

PCTFE polychlorotrifluoroethylene　聚氯三氟乙烯

PDAP poly（diallyl phthalate）　聚对苯二甲酸二烯丙酯

PE polyethylene　聚乙烯

PEBA polyether block amide　聚醚嵌段酰胺

PEBA thermoplastic elastomer polyether　聚酯热塑弹性体

PEEK polyetheretherketone　聚醚醚酮

PEI poly（etherimide）　聚醚酰亚胺

PEK polyether ketone　聚醚酮

PEO poly（ethylene oxide）　聚环氧乙烷

PES poly（ether sulfone）　聚醚砜

PET poly（ethylene terephthalate）　聚对

苯二甲酸乙二酯

PETG poly(ethylene terephthalate) glycol　二醇类改性 PET

PEUR poly(ether urethane)　聚醚型聚氨酯

PF phenol-formaldehyde resin　酚醛树脂

PFA perfluoro(alkoxy alkane)　全氟烷氧基树脂

PFF phenol-furfural resin　酚呋喃树脂

PI polyimide　聚酰亚胺

PIB polyisobutylene　聚异丁烯

PISU polyimidesulfone　聚酰亚胺砜

PMCA poly(methyl alpha chloroacrylate)　聚 α-氯代丙烯酸甲酯

PMMA poly(methyl methacrylate)　聚甲基丙烯酸甲酯

PMP poly(4-methylpentene-1)　聚 4-甲基戊烯-1

PMS poly(alpha-methylstyrene)　聚 α-甲基苯乙烯

POM polyoxymethylene，polyacetal　聚甲醛

PP polypropylene　聚丙烯

PPA polyphthalamide　聚邻苯二甲酰胺

PPE poly(phenylene ether)　聚苯醚

PPOX poly(propylene oxide)　聚环氧（丙）烷

PPS poly(phenylene sulfide)　聚苯硫醚

PPSU poly(phenylene sulfone)　聚苯砜

PS polystyrene　聚苯乙烯

PSU polysulfone　聚砜

PTFE polytetrafluoroethylene　聚四氟乙烯

PUR polyurethane　聚氨酯

PVAC poly(vinyl acetate)　聚醋酸乙烯

PVAL poly(vinyl alcohol)　聚乙烯醇

PVB poly(vinyl butyral)　聚乙烯醇缩丁醛

PVC poly(vinyl chloride)　聚氯乙烯

PVCA poly(vinyl chloride-acetate)　聚氯乙烯醋酸乙烯酯

PVDC poly(vinylidene chloride)　聚（偏二氯乙烯）

PVDF poly(vinylidene fluoride)　聚（偏二氟乙烯）

PVF poly(vinyl fluoride)　聚氟乙烯

PVFM poly(vinyl formal)　聚乙烯醇缩甲醛

PVK polyvinylcarbazole　聚乙烯咔唑

PVP polyvinylpyrrolidone　聚乙烯吡咯烷酮

S/MA styrene maleic anhydride plastic　苯乙烯-马来酐塑料

SAN styrene acrylonitrile plastic　苯乙烯丙烯腈塑料

SB styrene butadiene plastic　苯乙烯-丁二烯塑料

Si silicone plastics　有机硅塑料

SMS styrene/alpha methylstyrene plastic　苯乙烯-α-甲基苯乙烯塑料

SP saturated polyester plastic　饱和聚酯塑料

SRP styrene rubber plastics　聚苯乙烯橡胶改性塑料

TEEE thermoplastic elastomer，ether-ester　醚酯型热塑弹性体

TEO thermoplastic elastomer，olefinic　聚烯烃热塑弹性体

TES thermoplastic elastomer，styrenic　苯乙烯热塑性弹性体

TPEL thermoplastic elastomer　热塑（性）弹性体

TPES thermoplastic polyester　热塑性聚酯

TPUR thermoplastic polyurethane　热塑性聚氨酯

TSUR thermoset polyurethane　热固聚氨酯

UF urea formaldehyde resin　脲甲醛树脂

UHMWPE ultra-high molecular weight PE　超高分子量聚乙烯

UP unsaturated polyester　不饱和聚酯

VCE vinyl chloride ethylene resin　氯乙烯/乙烯树脂

VCEV vinyl chloride ethylene-vinyl 氯乙烯/乙烯/醋酸乙烯共聚物

VCMA vinyl chloride methyl acrylate 氯乙烯/丙烯酸甲酯共聚物

VCMMA vinyl chloride methylmethacrylate 氯乙烯/甲基丙烯酸甲酯共聚物

VCOA vinyl chloride octyl acrylate resin 氯乙烯/丙烯酸辛酯树脂

VCVAC vinyl chloride vinyl acetate resin 氯乙烯/醋酸乙烯树脂

VCVDC vinyl chloride vinylidene chloride 氯乙烯/偏氯乙烯共聚物

附录 2 常见聚合物和溶剂的溶解度参数

单位:$cal^{1/2} \cdot cm^{-3/2}$

弹性体(溶解度参数)	树脂(溶解度参数)	溶剂(溶解度参数)
高极性 ↓ 低极性		水(23.4)
		甲醇(14.5)
	聚酰胺(13)	乙醇(12.7)
		DMF(12.1)
		异丙醇(11.5)
	酚醛树脂(11)	
	纤维素(11)	
聚氨酯(10)	环氧树脂(10.3)	
		二氧六环(9.9)
		丙酮(9.9)
		环己酮(9.9)
丁腈橡胶(9.6)	聚氯乙烯(9.6)	二氯甲烷(9.7)
吡啶橡胶(9.5)	丙烯酸树脂(9.5)	
	聚醋酸乙烯酯(9.4)	
氟橡胶(9.3)	聚苯乙烯(9.3)	丁酮(9.3)
氯丁橡胶(9.2)		四氢呋喃(9.2)
		乙酸乙酯(9.1)
		三氯甲烷(9.0)
聚硫橡胶(9.0)		苯(9.0)
氯磺化聚乙烯(8.9)		甲苯(8.9)
		二甲苯(8.8)
		苯乙烯(8.8)
丁苯橡胶(8.6)		四氯化碳(8.6)
SBS(8.6)		乙酸丁酯(8.5)
顺丁橡胶(8.4)		甲基异丁酮(8.4)
		乙酸戊酯(8.3)
		环己烷(8.2)
天然橡胶(8.0)	聚乙烯(8.0)	
EPDM(7.9)		
丁基橡胶(7.8)		
1,2-聚丁二烯(7.6)		
		正庚烷(7.4)
		120#汽油(7.4)
硅橡胶(7.3)		己烷(7.3)
古马隆树脂(6.9)		
	聚四氟乙烯(6.2)	新庚烷(6.3)

附录 3 常用有机溶剂的毒性

1. 有机溶剂的毒性

若长时间吸入有机溶剂的蒸气，会引起慢性中毒；短时间暴露在高浓度的有机溶剂蒸气中，也会有急性中毒的危险。在工业卫生上，溶剂的挥发加重了有机溶剂对人体的危害程度。除此之外，溶剂的危害还受如下因素影响，包括溶剂的脂溶性、反应性、含杂质情况、人体吸收方式和途径、人体代谢速率、累积情形、个体感受及敏感性、暴露时间长短等。

2. 危害人体途径

（1）由皮肤接触引起的危害　有机溶剂的蒸气会刺激眼睛黏膜而使人流泪；与皮肤接触会溶解皮肤油脂而渗入组织，干扰生理机能，甚至脱水；且因皮肤干裂而感染污物及细菌。表皮角质溶解引起表皮角质化，刺激表皮引起红肿及气泡部分。溶剂渗入人体内破坏血球及骨髓等。

（2）由呼吸器官引起的危害　有机溶剂蒸气经由呼吸器官吸入人体后，往往会产生麻醉作用。蒸气吸入后大部分经气管而达肺部，然后经血液或淋巴液传送至其他器官，造成不同程度的中毒现象。因人体肺泡面积为体表面积数十倍以上，且血液循环扩散速率甚快，常会对呼吸道、神经系统、肺、肾、血液及造血系统产生重大毒害，故有机溶剂经由呼吸器官引起的中毒现象，最受人重视。

（3）由消化器官引起的危害　有机溶剂经由消化器官引起的危害主要为在污染溶剂蒸气场所进食、抽烟或手指沾口等，有机溶剂首先由口腔进入食道及胃肠，引起恶心、呕吐现象，然后由消化系统危害到其他器官。

3. 对人体的危害

有机溶剂中毒的一般症状为头痛、头昏、疲惫、食欲不振等。高浓度的急性中毒抑制中枢神经系统，使人丧失意识，产生麻醉现象，初期引起兴奋、昏睡、头痛、目眩、疲惫、食欲不振、意识消失等；低浓度蒸气引起的慢性中毒则影响血小板、红血球等造血系统，使鼻孔、牙龈及皮下组织出血，造成人体贫血现象，常用溶剂性质和毒性如表1所示。

一般有机溶剂对人体危害有下列几种。

（1）破坏神经系统　因抑制神经系统的传导冲动功能产生麻醉、神经系统障碍或引起神经炎等。如二硫化碳引起神经炎，甲醇中毒影响视神经等，这类溶剂如酒精、苯、氯化乙醇、二氯乙烷、汽油、甲酸戊酯、醋酸戊酯、二甲苯、三氯乙烯、丁醇、松节油、煤油、丙酮、酚、三氯甲烷、异丙苯等。

（2）损伤肝脏机能　因损伤肝脏机能，引起恶心、呕吐、发烧、黄疸炎及中毒性肝炎；一般氯化烃类均会引起肝脏中毒，如四氯化碳、氯仿、三氯乙烯、四氯乙烷、苯及其衍生物等。

（3）破坏肾脏机能　肾脏为毒物排泄器官，故最易中毒，且因血氧量减少，使肾脏受害，发生肾炎及肾病，这类溶剂包括卤代烃、苯及其衍生物、二元醇及其单醚类、四氯化碳、乙醇等。

（4）破坏造血系统　因破坏骨髓造成贫血现象，包括苯及其衍生物如甲苯、氯化苯、二元醇等。

（5）刺激黏膜及皮肤　因刺激黏膜，使鼻黏膜出血，喉头发炎，嗅觉丧失或因皮肤敏感产生红肿、发痒、红斑及坏疽病等，这类溶剂包括氯仿、三氯甲烷、醚、苯、醋酸甲酯、煤油、丙酮、甲醇、石油、氯酚、二氯乙烯、四氯化碳等。

表1　常用溶剂性质和毒性

溶剂名称	沸点(1atm)/℃	溶解性	毒性
丙酮	56.12	与水、醇、醚、烃混溶	低毒，类乙醇，但刺激性较大
甘油	290.0	与水、乙醇混溶，不溶于乙醚、氯仿、二硫化碳、苯、四氯化碳、石油醚	食用对人体无毒
乙酸丁酯	126.11	优良有机溶剂，广泛应用于医药行业，还可以用作萃取剂	一般条件毒性不大
乙酸乙酯	77.112	与醇、醚、氯仿、丙酮、苯等大多数有机溶剂混溶，能溶解某些金属盐	低毒，麻醉性
丁酮	79.64	与丙酮相似，与醇、醚、苯等大多数有机溶剂混溶	低毒，毒性强于丙酮
乙醇	78.3	与水、乙醚、氯仿、酯、烃类衍生物等有机溶剂混溶	微毒类，麻醉性
苯	80.10	难溶于水，与甘油、乙二醇、乙醇、氯仿、乙醚、四氯化碳、二硫化碳、丙酮、甲苯、二甲苯、冰醋酸、脂肪烃等大多数有机物混溶	强烈毒性
乙醚	34.6	微溶于水，易溶于盐酸，与醇、醚、石油醚、苯、氯仿等大多数有机溶剂混溶	麻醉性
乙腈	81.60	与水、甲醇、乙酸甲酯、乙酸乙酯、丙酮、醚、氯仿、四氯化碳、氯乙烯及各种不饱和烃混溶，但是不与饱和烃混溶	中等毒性，大量吸入蒸气，引起急性中毒
二甘醇	244.8	与水、乙醇、乙二醇、丙酮、氯仿、糠醛混溶，与乙醚、四氯化碳等不混溶	微毒，经皮吸收，刺激性小
乙二醇碳酸酯	238	与热水、醇、苯、醚、乙酸乙酯、乙酸混溶，在干燥醚、四氯化碳、石油醚中不溶	毒性低
液氨	33.35	具有特殊溶解性，能溶解碱金属和碱土金属	剧毒性、腐蚀性
氯仿	61.15	与乙醇、乙醚、石油醚、卤代烃、四氯化碳、二硫化碳等混溶	中等毒性，强麻醉性
1,1-二氯乙烷	57.28	与醇、醚等大多数有机溶剂混溶	低毒，局部刺激性
二氯甲烷	39.75	与醇、醚、氯仿、苯、二硫化碳等有机溶剂混溶	低毒，麻醉性强
甲醇	64.5	与水、乙醚、醇、酯、卤代烃、苯、酮混溶	中等毒性，麻醉性
四氢呋喃	66	优良溶剂，与水混溶，溶于乙醇、乙醚、脂肪烃、芳香烃、氯化烃	吸入微毒，经口低毒
甲酰胺	210.5	与水、醇、乙二醇、丙酮、乙酸、二氧六环、甘油、苯酚混溶，几乎不溶于脂肪烃、芳香烃、醚、卤代烃、氯苯、硝基苯等	皮肤、黏膜刺激性，经皮肤吸收
苯酚(石炭酸)	181.2	溶于乙醇、乙醚、乙酸、甘油、氯仿、二硫化碳和苯等，难溶于烃类溶剂，65.3℃以上与水混溶，65.3℃以下分层	高毒类，对皮肤、黏膜有强烈腐蚀性可经皮吸收中毒
二甲亚砜	189.0	与水、甲醇、乙醇、乙二醇、甘油、乙醛、丙酮、乙酸乙酯吡啶、芳烃混溶	微毒，对眼有刺激性
1,2-丙二醇	187.3	与水、乙醇、乙醚、氯仿、丙酮等多种有机溶剂混溶	低毒，吸湿，不宜静注
N-甲基吡咯烷酮	202	与水混溶，除低级脂肪烃可以溶解大多无机、有机物、极性气体和高分子化合物	毒性低，不可内服
乙二醇	197.85	与水、乙醇、丙酮、乙酸、甘油、吡啶混溶，与氯仿、乙醚、苯、二硫化碳等难溶，对烃类、卤代烃不溶，溶解食盐、氯化锌等无机物	低毒类，可经皮肤吸收中毒

溶剂名称	沸点(1atm)/℃	溶解性	毒性
N,N-二甲基苯胺	193	微溶于水,能随水蒸气挥发,与醇、醚、氯仿、苯等混溶,能溶解多种有机物	抑制中枢和循环系统,经皮肤吸收,中毒
六甲基磷酸三酰胺	233	与水混溶,与氯仿配合,溶于醇、醚、酯、苯、酮、烃、卤代烃等	较大毒性
乙酰胺	221.15	溶于水、醇、吡啶、氯仿、甘油、热苯、丁酮、丁醇、苄醇,微溶于乙醚	毒性较低
环己醇	161	与醇、醚、二硫化碳、丙酮、氯仿、苯、脂肪烃、芳香烃、卤代烃混溶	低毒,无血液毒性刺激性
N,N-二甲基甲酰胺	153.0	与水、醇、醚、酮、不饱和烃、芳香烃等混溶,溶解能力强	低毒
环己酮	155.65	与甲醇、乙醇、苯、丙酮、己烷、乙醚、硝基苯、石油脑、二甲苯、乙二醇、乙酸异戊酯、二乙胺及其他多种有机溶剂混溶	低毒类,有麻醉性,中毒概率比较小
己烷	68.7	甲醇中部分溶解,与比乙醇高级的醇、醚、丙酮、氯仿混溶	低毒,麻醉性,刺激性
1,1,1-三氯乙烷	74.0	与丙酮、甲醇、乙醚、苯、四氯化碳等有机溶剂混溶	低毒类溶剂
四氯化碳	76.75	与醇、醚、石油醚、石油脑、冰醋酸、二硫化碳、氯代烃混溶	氯代甲烷中毒性最强
环己烷	80.72	与乙醇、高级醇、醚、丙酮、烃、氯代烃、高级脂肪酸、胺类混溶	低毒,中枢抑制作用
乙二醇二甲醚	85.2	溶于水,与醇、醚、酮、酯、烃、氯代烃等多种有机溶剂混溶。能溶解各种树脂,是二氧化硫、氯代甲烷、乙烯等气体的优良溶剂	吸入和经口低毒
1,2-二氯乙烷	83.48	与乙醇、乙醚、氯仿、四氯化碳等多种有机溶剂混溶	高毒性、致癌
异丙醇	82.40	与乙醇、乙醚、氯仿、水混溶	微毒,类似乙醇
1,4-二氧六环	101.32	能与水及多数有机溶剂混溶,溶解能力很强	微毒,强于乙醚 2～3 倍
三乙胺	89.6	与 18.7℃ 以下的水混溶,以上微溶。易溶于氯仿、丙酮,溶于乙醇、乙醚	易爆,皮肤黏膜刺激性强
N-甲基甲酰胺	180～185	与苯混溶,溶于水和醇,不溶于醚	一级易燃液体
糠醛	161.8	与醇、醚、氯仿、丙酮、苯等混溶,部分溶于低沸点脂肪烃,无机物一般不溶	有毒,刺激眼睛,催泪
N,N-二甲基乙酰胺	166.1	溶于不饱和脂肪烃,与水、醚、酯、酮、芳香族化合物混溶	微毒类
甲苯	110.63	不溶于水,与甲醇、乙醇、氯仿、丙酮、乙醚、冰醋酸、苯等有机溶剂混溶	低毒类,麻醉作用
乙二胺	117.26	溶于水、乙醇、苯和乙醚,微溶于庚烷	刺激皮肤、眼睛
4-甲基-2-戊酮	115.9	能与乙醇、乙醚、苯等大多数有机溶剂和动植物油混溶	毒性和局部刺激性较强
吡啶	115.3	与水、醇、醚、石油醚、苯、油类混溶,能溶解多种有机物和无机物	低毒,皮肤黏膜刺激性
乙二醇单甲醚	124.6	与水、醛、醚、苯、乙二醇、丙酮、四氯化碳、DMF 等混溶	低毒类
乙酸	118.1	与水、乙醇、乙醚、四氯化碳混溶,不溶于二硫化碳及 C_{12} 以上高级脂肪烃	低毒,浓溶液毒性强
丁醇	117.7	与醇、醚、苯混溶	低毒,大于乙醇 3 倍
邻二甲苯	144.41	不溶于水,与醇、醚、乙醚、氯仿等混溶	一级易燃液体
间二甲苯	139.10	不溶于水,与醇、醚、氯仿混溶,室温下可溶于乙腈、DMF 等	一级易燃液体

溶剂名称	沸点(1atm)/℃	溶解性	毒性
二甲苯	138.5~141.5	不溶于水,与乙醇、乙醚、苯、烃等有机溶剂混溶,部分溶于乙二醇、甲醇、2-氯乙醇等极性溶剂	一级易燃液体,低毒类
对二甲苯	138.35	不溶于水,与醇、醚和其他有机溶剂混溶	一级易燃液体
乙二醇单乙醚	135.6	与乙二醇单甲醚相似,但是极性小,与水、醇、醚、四氯化碳、丙酮混溶	低毒类,二级易燃液体
氯苯	131.69	能与醇、醚、脂肪烃、芳香烃、和有机氯化物等多种有机溶剂混溶	毒性低于苯,损害中枢系统
吗啉	128.94	溶解能力强,超过二氧六环、苯和吡啶,与水混溶,溶于丙酮、苯、乙醚、甲醇、乙醇、乙二醇、2-己酮、蓖麻油、松节油、松脂等	腐蚀皮肤,刺激眼和结膜,蒸汽引起肝肾病变
硝基乙烷	114.0	与醇、醚、氯仿混溶,溶于多种树脂和纤维素衍生物	局部刺激性较强

附录4　常见有机试剂的纯化

1. 丙酮

沸点 56.2℃,折射率 1.3588,相对密度 0.7899。

普通丙酮常含有少量的水及甲醇、乙醛等还原性杂质。纯化方法有以下两种:

(1) 于 250mL 丙酮中加入 2.5g 高锰酸钾回流,若高锰酸钾紫色很快消失,再加入少量高锰酸钾继续回流,至紫色不褪为止。然后将丙酮蒸出,用无水碳酸钾或无水硫酸钙干燥,过滤后蒸馏,收集 55~56.5℃的馏分。用此法纯化丙酮时,需注意丙酮中含还原性物质不能太多,否则会过多消耗高锰酸钾和丙酮,使处理时间增长。

(2) 将 100mL 丙酮装入分液漏斗中,先加入 4mL 10%硝酸银溶液,再加 3.6mL 1mol·L^{-1} 氢氧化钠溶液,振摇 10min,分出丙酮层,再加入无水硫酸钾或无水硫酸钙进行干燥。最后蒸馏收集 55~56.5℃馏分。此法比方法 (1) 要快,但硝酸银较贵,只宜做小量纯化用。

2. 四氢呋喃

沸点 67℃ (64.5℃),折射率 1.4050,相对密度 0.8892。

四氢呋喃与水能混溶,常含有少量水分及过氧化物。如要制得无水四氢呋喃,可用氢化铝锂在隔绝空气下回流(通常 1000mL 约需 2~4g 氢化铝锂)除去其中的水和过氧化物,然后蒸馏,收集 66℃的馏分(蒸馏时不要蒸干,将剩余的少量残液倒出)。精制后的液体加入钠丝并应在氮气氛中保存。处理四氢呋喃时,应先用小量进行试验,在确定其中只有少量水和过氧化物,作用不致过于激烈时,方可进行纯化。四氢呋喃中的过氧化物可用酸化的碘化钾溶液来检验。如过氧化物较多,应另行处理为宜。

3. 二氧六环

沸点 101.5℃,熔点 12℃,折射率 1.4424,相对密度 1.0336。

二氧六环能与水任意混合,常含有少量二乙醇缩醛与水,久贮的二氧六环可能含有过氧化物(鉴定和除去参阅乙醚)。二氧六环的纯化方法是在 500mL 二氧六环中加入 8mL 浓盐酸和 50mL 水的溶液,回流 6~10h,在回流过程中,慢慢通入氮气以除去生成的乙醛。冷却后,加入固体氢氧化钾,直到不能再溶解为止,分去水层,再用固体氢氧化钾干燥 24h。

然后过滤，在金属钠存在下加热回流 8～12h，最后在金属钠存在下蒸馏，加入钠丝密封保存。精制过的 1,4-二氧环己烷应当避免与空气接触。

4. 吡啶

沸点 115.5℃，折射率 1.5095，相对密度 0.9819。

分析纯的吡啶含有少量水分，可供一般实验用。如要制得无水吡啶，可将吡啶与粒状氢氧化钾（钠）一同回流，然后隔绝空气蒸出备用。干燥的吡啶吸水性很强，保存时应将容器口用石蜡封好。

5. 石油醚

石油醚为轻质石油产品，是低分子量烷烃类的混合物，沸程为 30～150℃，收集的温度区间一般为 30℃ 左右。有 30～60℃，60～90℃，90～120℃ 等沸程规格的石油醚。其中含有少量不饱和烃，沸点与烷烃相近，用蒸馏法无法分离。石油醚的精制通常将石油醚用等体积的浓硫酸洗涤 2～3 次，再用 10% 硫酸加入高锰酸钾配成的饱和溶液洗涤，直至水层中的紫色不再消失为止。再用水洗，经无水氯化钙干燥后蒸馏。若需绝对干燥的石油醚，可加入钠丝（与纯化无水乙醚相同）。

6. 甲醇

沸点 64.96℃，折射率 1.3288，相对密度 0.7914。

普通未精制的甲醇含有 0.02% 丙酮和 0.1% 水。而工业甲醇中这些杂质的含量达 0.5%～1%。为了制得纯度达 99.9% 以上的甲醇，可将甲醇用分馏柱分馏，收集 64℃ 的馏分，再用镁去水（与制备无水乙醇相同）。甲醇有毒，处理时应防止吸入其蒸气。

7. 乙酸乙酯

沸点 77.06℃，折射率 1.3723，相对密度 0.9003。

商业乙酸乙酯含量一般为 95%～98%，含有少量水、乙醇和乙酸。可用下法纯化：于 1000mL 乙酸乙酯中加入 100mL 乙酸酐，10 滴浓硫酸，加热回流 4h，除去乙醇和水等杂质，然后进行蒸馏。馏液用 20～30g 无水碳酸钾振荡，再蒸馏。产物沸点为 77℃，纯度可达 99% 以上。

8. 乙醚

沸点 34.51℃，折射率 1.3526，相对密度 0.71378。普通乙醚常含有 2% 乙醇和 0.5% 水。久贮的乙醚常含有少量过氧化物。

（1）过氧化物的检验和除去　在干净的试管中放入 2～3 滴浓硫酸，1mL 2% 碘化钾溶液（若碘化钾溶液已被空气氧化，可用稀亚硫酸钠溶液滴到黄色消失）和 1～2 滴淀粉溶液，混合均匀后加入乙醚，出现蓝色即表示有过氧化物存在。除去过氧化物可用新配制的硫酸亚铁稀溶液（配制方法是 $FeSO_4 \cdot 7H_2O$ 60g，100mL 水和 6mL 浓硫酸）。将 100mL 乙醚和 10mL 新配制的硫酸亚铁溶液放在分液漏斗中洗数次，至无过氧化物为止。

（2）醇和水的检验和除去　乙醚中放入少许高锰酸钾粉末和一粒氢氧化钠。放置后，氢氧化钠表面附有棕色树脂，即证明有醇存在。水的存在用无水硫酸铜检验。先用无水氯化钙除去大部分水，再经金属钠干燥。其方法如下：将 100mL 乙醚放在干燥锥形瓶中，加入 20～25g 无水氯化钙，瓶口用软木塞塞紧，放置一天以上，并间断摇动，然后蒸馏，收集 33～37℃ 的馏分。用压钠机将 1g 金属钠直接压成钠丝放于盛乙醚的瓶中，用带有氯化钙干燥管的软木塞塞住。或在木塞中插一根末端拉成毛细管的玻璃管，这样，既可防止潮气浸入，又可使产生的气体逸出。放置至无气泡发生即可使用；放置后，若钠丝表面已变黄变粗时，须再蒸一次，然后再压入钠丝。

9. 乙醇

沸点 78.5℃，折射率 1.3616，相对密度 0.7893。

制备无水乙醇的方法很多，根据对无水乙醇质量的要求不同而选择不同的方法。

若要 98%～99% 的乙醇，可采用下列方法。

(1) 利用苯、水和乙醇形成低共沸混合物的性质，将苯加入乙醇中，进行分馏，在 64.9℃ 时蒸出苯、水、乙醇的三元恒沸混合物，多余的苯在 68.3℃ 与乙醇形成二元恒沸混合物被蒸出，最后蒸出乙醇。工业多采用此法。

(2) 用生石灰脱水。于 100mL 95% 乙醇中加入新鲜的块状生石灰 20g，回流 3～5h，然后进行蒸馏。

若要 99% 以上的乙醇，可采用下列方法。

(1) 在 100mL 99% 乙醇中，加入 7g 金属钠，待反应完毕，再加入 27.5g 邻苯二甲酸二乙酯或 25g 草酸二乙酯，回流 2～3h，然后进行蒸馏。金属钠虽能与乙醇中的水作用，产生氢气和氢氧化钠，但所生成的氢氧化钠又与乙醇发生平衡反应，因此单独使用金属钠不能完全除去乙醇中的水，需加入过量的高沸点酯，如邻苯二甲酸二乙酯与生成的氢氧化钠作用，抑制上述反应，从而达到进一步脱水的目的。

(2) 在 60mL 99% 乙醇中，加入 5g 镁和 0.5g 碘，待镁溶解生成醇镁后，再加入 900mL 99% 乙醇，回流 5h 后，蒸馏，可得到 99.9% 乙醇。由于乙醇具有非常强的吸湿性，所以在操作时，动作要迅速，尽量减少转移次数以防止空气中的水分进入，同时所用仪器必须事先干燥好。

10. DMSO

沸点 189℃，熔点 18.5℃，折射率 1.4783，相对密度 1.100。

二甲基亚砜能与水混合，可用分子筛长期放置加以干燥。然后减压蒸馏，收集 76℃/1600Pa（12mmHg）馏分。蒸馏时，温度不可高于 90℃，否则会发生歧化反应生成二甲砜和二甲硫醚。也可用氧化钙、氢化钙、氧化钡或无水硫酸钡来干燥，然后减压蒸馏。也可用部分结晶的方法纯化。二甲基亚砜与某些物质混合时可能发生爆炸，例如氢化钠、高碘酸或高氯酸镁等应予以注意。

11. DMF

N,N-二甲基甲酰胺沸点 149～156℃，折射率 1.4305，相对密度 0.9487。无色液体，与多数有机溶剂和水可任意混合，对有机和无机化合物的溶解性能较好。

N,N-二甲基甲酰胺含有少量水分。常压蒸馏时部分分解，产生二甲胺和一氧化碳。在有酸或碱存在时，分解加快。所以加入固体氢氧化钾（钠）在室温放置数小时后，即有部分分解。因此，最常用硫酸钙、硫酸镁、氧化钡、硅胶或分子筛干燥，然后减压蒸馏，收集 76℃/4800Pa（36mmHg）的馏分。其中如含水较多时，可加入其 1/10 体积的苯，在常压及 80℃ 以下蒸去水和苯，然后再用无水硫酸镁或氧化钡干燥，最后进行减压蒸馏。纯化后的 N,N 二甲基甲酰胺要避光贮存。N,N-二甲基甲酰胺中如有游离胺存在，可用 2,4-二硝基氟苯产生颜色来检查。

12. 二氯甲烷

沸点 40℃，折射率 1.4242，相对密度 1.3266。

使用二氯甲烷比氯仿安全，因此常常用它来代替氯仿作为比水重的萃取剂。普通的二氯甲烷一般都能直接做萃取剂用。如需纯化，可用 5％碳酸钠溶液洗涤，再用水洗涤，然后用无水氯化钙干燥，蒸馏收集 40～41℃的馏分，保存在棕色瓶中。

13. 二硫化碳

沸点 46.25℃，折射率 1.6319，相对密度 1.2632。

二硫化碳为有毒化合物，能使血液神经组织中毒。具有高度的挥发性和易燃性，因此，使用时应避免与其蒸气接触。

对二硫化碳纯度要求不高的实验，在二硫化碳中加入少量无水氯化钙干燥几小时，在水浴 55～65℃下加热蒸馏、收集。如需要制备较纯的二硫化碳，在试剂级的二硫化碳中加入 0.5％高锰酸钾水溶液洗涤三次，除去硫化氢，再用汞不断振荡以除去硫。最后用 2.5％硫酸汞溶液洗涤，除去所有的硫化氢（洗至没有恶臭为止），再经氯化钙干燥，蒸馏收集。

14. 氯仿

沸点 61.7℃，折射率 1.4459，相对密度 1.4832。

氯仿在日光下易氧化成氯气、氯化氢和光气（剧毒），故氯仿应贮于棕色瓶中。市场上供应的氯仿多用 1％酒精做稳定剂，以消除产生的光气。

氯仿中乙醇的检验可用碘仿反应，游离氯化氢的检验可用硝酸银的醇溶液。除去乙醇可用以下方法：①将氯仿用其 $\frac{1}{2}$ 体积的水振摇数次分离下层的氯仿，用氯化钙干燥 24h，然后蒸馏；②将氯仿与少量浓硫酸一起振动两三次。每 200mL 氯仿用 10mL 浓硫酸，分去酸层以后的氯仿用水洗涤，干燥，然后蒸馏。除去乙醇后的无水氯仿应保存在棕色瓶中并避光存放，以免光化作用产生光气。

附录5　合成聚合物的精制

合成聚合物可采用洗涤、萃取和多次沉淀法精制，其中，最常用的是多次沉淀法，即将聚合物溶解于良溶剂中，过滤除去不溶性杂质，再向此溶液中加入非溶剂（沉淀剂）或将聚合物溶液加于非溶剂中使聚合物沉淀出来，进行分离、干燥，得到精制的聚合物。多次沉淀法的实际操作按聚合物的不同而异，并应注意下列事项。

（1）溶剂的选择

最理想的溶剂是仅能溶解聚合物而不溶解杂质，但实际上不大可能。因此，一般先用能溶解聚合物和杂质的溶剂制备溶液，然后用非溶液使聚合物沉淀，而杂质留在溶液中。为了获得高效精制，务必使沉淀的聚合物中尽量不含溶剂，疏松而且有较大的表面积。

（2）溶液的浓度

在溶液中沉淀聚合物时，溶液的浓度不宜太高，否则沉淀的聚合物会因包含杂质而形成大块胶状沉淀。但浓度过小，又易使体系成为乳状液，导致分离困难。因此，必须选择适当的溶液浓度。

（3）不溶性杂质的除去

聚合物溶液除去不溶性杂质，可借砂芯漏斗过滤，也可通过倾析法或离心分离法除去。

（4）沉淀方法

聚合物溶液除去不溶性杂质后，多次沉淀可按下述两种方法进行，即在聚合物溶液中加入非溶剂，或在非溶剂中加入聚合物溶液。前者往往使聚合物成为胶状沉淀而降低精制效果，而后者可获得疏松的沉淀物，效果较好，操作时一般在搅拌下将聚合物溶液分批少量地加入非溶剂中去。

（5）非溶剂的选择和用量

非溶剂必须不溶解聚合物，只溶解杂质，且与溶剂完全混溶。因为沉淀的聚合物还需干燥，所以采用低沸点的非溶剂较为有利。非溶剂的用量对于使用的溶剂来说必须大为过量。用量太少时，会导致沉淀不完全。非溶剂的用量取决于聚合物的种类和溶剂-非溶剂的组合，一般用量为溶剂体积的 5 倍左右。

（6）聚合物沉淀的分离和干燥

若沉淀为不具黏着性、表面积较大的粉末或絮状物时，可用砂芯漏斗过滤和离心分离，除去非溶剂后，室温或低温下减压干燥至恒重。

聚合物常用的溶剂和沉淀剂列于表 1 中。

表 1　聚合物常用的溶剂和沉淀剂

聚合物	溶剂	沉淀剂
聚酯类	苯	甲醇
聚己内酰胺	含水苯酚	水
	甲醇	环己酮
	甲醇＋苯	汽油
尼龙-66	甲酸	水
	甲酚	甲醇
聚乙烯	甲苯	正丙醇
	二甲苯	丙二醇或正丙醇
	α-氯化萘	邻苯二甲酸二丁酯
聚氯乙烯	环己烷	丙酮
	硝基苯	甲醇
	四氢呋喃	水
	环己酮	正丁醇
聚苯乙烯	苯	乙醇或丁醇
	三氯甲烷	各种醇
	丁酮	甲醇或正丁醇
聚乙烯醇	水	含水丙酮
	乙醇	苯
聚丙烯腈	N,N-二甲基甲酰胺	庚烷
聚乙酸乙烯酯	丙酮	水
	苯	石油醚
聚甲基丙基酸甲酯	丙酮	己烷或水
丁苯橡胶	苯	甲醇

附录6　聚氨酯中游离异氰酸根（NCO）含量的测定

分别称取 3g 左右的预聚体于两只干净的 250mL 具塞锥形瓶中，用移液管加入 10.00mL 二正丁胺 - 甲苯溶液，摇晃使瓶内液体混合均匀，室温放置 20～30min，加入约 40mL 异丙醇，再滴入 3～4 滴溴甲酚绿为指示剂，用 0.5mol·L^{-1} 盐酸标准溶液滴定，当 溶液由蓝色变为黄色为终点。并做空白试验。

按照以下公式计算出 NCO 百分含量。

$$NCO\% = [(V_0 - V_S) \times c \times 42/(1000m)] \times 100\% \qquad (1)$$

式中，V_0、V_S 分别为空白滴定和样品滴定消耗盐酸标准溶液的体积，mL；c 为盐酸溶 液的浓度，mol·L^{-1}；m 为取样量，g；42 为 NCO 基团的摩尔质量，g·mol^{-1}。

根据以下公式计算出所需 MOCA 的量（g）：

$$m_{MOCA} = 3.18 \times NCO\% \times m_0 \times 0.9 \qquad (2)$$

式中，m_0 为预聚体的质量，g；0.9 为扩链系数。

附录7　涂-4 杯测聚合物溶液的黏度及对照

采用涂-4 杯黏度计测试聚合物的黏度为条件黏度，单位为秒。它适用于测试聚合物溶 液流出时间为 10～150s 的产品。

1. 原理

测定盛装在一个特定锥形容器中的 100mL 聚合物溶液，通过下部一个直径为 4mm± 0.2mm 漏孔的流出时间。

2. 仪器设备

涂-4 杯黏度计由塑料或黄铜加工而成，但以金属黏度计为准。上部为圆柱形，下部为 圆锥形，壁表面粗糙度 0.4μm，圆锥底部有一漏嘴，高（4±0.02）mm，孔内直径为（4± 0.02）mm，用不锈钢制成。黏度计锥体内部的角度为 81°±15′，总高度 73mm，圆柱体内径 50mm±2mm，容量为 100mL。

温度计，分度为 0.1℃；秒表，精度为 0.2s。

3. 试验步骤

（1）取样

测试样品应为无结块，无凝胶，均匀的流体。事先将其放在指定温度下恒温至少 2h。

（2）测试

测试前应用沾有溶剂的纱布清洁黏度计内表面，冷风干燥，对光观察漏嘴孔内应洁净。 将黏度计安置在支架上，黏度计下面放置 150mL 烧杯，用手指堵住黏度计的漏嘴孔后，迅 速从上方将试样倒入杯中，用玻璃棒将气泡和多余试样刮入槽内，观察杯内液面与杯边缘齐 平。放开按紧的手指，使液体流下，同时开动秒表，记录溶液从黏度计漏嘴孔中流出到其流 丝中断的时间（s）。

4. 结果评定

以两次测定值之差不大于平均值 3% 作为试验结果。一般测定温度为 25℃±1℃。

5. 影响因素

（1）仪器

涂-4 杯黏度计的漏嘴应小心保护，切勿损伤。试验完毕后，应及时清洗干净。切忌用硬物刮坏其内壁。黏度计的支架应平稳水平安放，定期进行检验，通常用 25℃的蒸馏水按上述步骤测试，若流出时间不在（11.5±0.5）s 范围时，则应予以更换。

（2）黏度换算

涂-4 杯黏度与其他黏度对照表见表 1。

表 1 涂-4 杯黏度与其他黏度对照表

绝对黏度 /(Pa·s)	涂-4 杯黏度 /s	运动黏度 /(cm²·s⁻¹)	涂-1 杯黏度 /s	恩格勒黏度/条件度	4#福特杯黏度 /s
0.050	18	0.51	4.5	6.94	20
0.065	22	0.66	6.0	8.93	26
0.085	28	0.85	7.0	11.5	34
0.100	30	1.01	7.5	13.6	40
0.125	32	1.21	8.0	16.3	46
0.140	38	1.42	9.5	19.17	51
0.165	42	1.69	10.1	22.82	57
0.180	45	—	11.0	—	60
0.200	50	2.02	12.0	27.27	65
0.225	57	2.29	14.0	30.92	75
0.250	65	2.56	16.0	34.56	85
0.275	73	2.78	18.0	37.53	96
0.300	80	2.97	20.0	40.09	108
0.320	89	3.21	22.0	43.34	117
0.340	123	3.42	31.0	46.17	123
0.370	128	3.71	32.0	50.09	127
0.400	133	4.00	33.0	54.00	131
0.435	138	4.36	34.0	59.86	137
	144				
0.470	147	4.74	—	63.99	144
0.500	154	5.04	—	68.04	147
0.550	166	5.45	—	73.58	154
0.627	—	6.69	—	90.32	166
0.884	—	8.95	—	120.83	—

（3）其他黏度测定法

类似的条件黏度测定法还有涂-1 杯黏度计，它主要用来测试黏度很大溶液的黏度。

对于不具备牛顿或近似牛顿流体特性的胶黏剂，在国外则采用 ASTM D2556—14 即用切变速率决定其流动性能的胶黏剂的表观黏度的标准试验方法。

另外，在 ASTM D1084—16 胶黏剂黏度的测定方法中，列出了易流动胶黏剂的 4 种测试方法见表 2。

表 2　ASTM D1084—16 的四种黏度测试方法

方法	测试范围	仪器及测试方法	单位
方法 A	易流动胶黏剂	黏度杯法（四个一套）使 50mL 样品在 30～100s 流完	s
方法 B	测试具有或近似牛顿流体，黏度为 50～20000mPa·s 的胶黏剂	旋转黏度计法（Brookfield）	mPa·s
方法 C	测试具有或近似牛顿流体的胶黏剂（自流淌型胶黏剂）	Stormer 黏度计，黏度计旋转 100 次所需时间	s
方法 D	测试具有或近似牛顿流体黏度≤3000mPa·s 的胶黏剂	5 个一套的 Zahn 杯，试样从杯中的流完时间，在 20～40s 之间	s

附录 8　常见溶剂的挥发速率表（乙酸正丁酯＝1）

溶剂名称	相对挥发速率	溶剂名称	相对挥发速率
一缩乙二醇丁醚乙酸酯	0.002	丙二醇甲醚	0.7
一缩丙二醇丁醚	0.005	二甲苯	0.77
一缩乙二醇乙醚乙酸酯	0.008	乙苯	0.82
一缩乙二醇丁醚	0.01	仲丁醇	0.83
一缩乙二醇丙醚	0.01	亚异丙基丙酮	0.88
一缩乙二醇乙醚	0.02	正丙醇	0.89
一缩乙二醇甲醚	0.02	叔戊醇	0.93
丙二醇苯醚	0.02	甲基正丁基酮	0.98
乙二醇丁醚乙酸酯	0.03	乙酸正丁酯（90%）	1
乳酸丁酯	0.03	乙酸正丁酯（99%）	1
NMP	0.04	叔丁醇	1.05
乙二醇丁醚	0.07	乙醇（95%）	1.4
丙二醇丁醚	0.08	乙酸异丁酯	1.5
二丙酮醇	0.12	异丙醇	1.5
丙二醇甲醚乙酸酯	0.14	正辛烷	1.6
乙二醇乙醚乙酸酯（95%）	0.17	乙醇（100%）	1.7
乳酸乙酯	0.18	甲基异丁基酮	1.7
乙二醇乙醚乙酸酯（99%）	0.19	乙酸仲丁酯	1.8
混合戊醇	0.2	甲苯	2
乙二醇丙醚	0.2	乙酸正丙酯	2.1
丙二醇丙醚	0.2	二乙酮	2.3
环己酮	0.3	甲基正丙基酮	2.4
甲基正戊基酮	0.34	甲基异丙基酮	2.9
水	0.36	苯	3.5
乙酸混合酯（95%）	0.39	乙酸异丙酯（95%）	3.5
乙二醇乙醚	0.39	甲乙酮	3.8
一缩丙二醇甲醚	0.4	乙酸乙酯（95%）	4
正丁醇	0.44	乙酸乙酯（97%）	4
甲基异戊基酮	0.46	乙酸乙酯（85%）	4.1
丙二醇乙醚	0.5	四氢呋喃	4.8
乙二醇甲醚	0.53	丙酮	5.7
异丁醇	0.64	正己烷	7.8
乙酸戊酯（85%～88%）	0.68		

附录9 常用溶剂互溶性质表

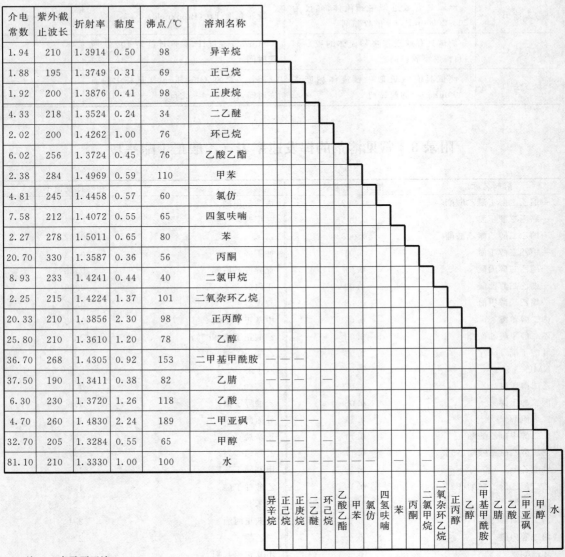

介电常数	紫外截止波长	折射率	黏度	沸点/℃	溶剂名称
1.94	210	1.3914	0.50	98	异辛烷
1.88	195	1.3749	0.31	69	正己烷
1.92	200	1.3876	0.41	98	正庚烷
4.33	218	1.3524	0.24	34	二乙醚
2.02	200	1.4262	1.00	76	环己烷
6.02	256	1.3724	0.45	76	乙酸乙酯
2.38	284	1.4969	0.59	110	甲苯
4.81	245	1.4458	0.57	60	氯仿
7.58	212	1.4072	0.55	65	四氢呋喃
2.27	278	1.5011	0.65	80	苯
20.70	330	1.3587	0.36	56	丙酮
8.93	233	1.4241	0.44	40	二氯甲烷
2.25	215	1.4224	1.37	101	二氧杂环乙烷
20.33	210	1.3856	2.30	98	正丙醇
25.80	210	1.3610	1.20	78	乙醇
36.70	268	1.4305	0.92	153	二甲基甲酰胺
37.50	190	1.3411	0.38	82	乙腈
6.30	230	1.3720	1.26	118	乙酸
4.70	260	1.4830	2.24	189	二甲亚砜
32.70	205	1.3284	0.55	65	甲醇
81.10	210	1.3330	1.00	100	水

注：—表示不互溶

附录10 常用聚合物材料的燃烧特征

常用树脂材料的燃烧特征如表1所示。

表1 常用树脂材料的燃烧特征

聚合物材料种类	自熄情况	燃烧情况	气味
聚乙烯	不能	快，黄色火焰，底部蓝色，烟较少	似烧蜡味
聚丙烯	不能	快，黄色火焰，烟较少，烧时滴淌	似烧蜡味
聚氯乙烯	能	黄绿色火焰，冒黄绿色浓烟	刺鼻氯气味

聚合物材料种类	自熄情况	燃烧情况	气味
聚苯乙烯	不能	快,橙黄色火焰,黑烟	甜花香味
氯化聚醚	能	快,火焰底部绿色,顶部黄色,浓黑烟	氯气味
三聚氰胺-甲醛树脂	能	难燃,火焰亮黄色,烧时体积膨胀	甲醛味和强烈鱼腥臭味
酚醛树脂	能	难燃,黄色火焰,烧时体积膨胀	甲醛和苯酚味
脲醛树脂	能	难燃,橙黄色火焰,烧时体积膨胀	甲醛气味
聚四氟乙烯	能	难燃,黄色火焰,灰烟,烧时收缩	气味很小
硝化纤维素	不能	快,黄色火焰	辛辣味
聚异丁烯	不能	快,火焰明亮	似橡胶气味
有机玻璃	不能	快,火焰黄色,底部蓝色,有些黑烟	甜的水果芳香味
聚丙烯酸酯	不能	快,火焰黄色明亮,底部蓝色,有黑烟	刺激性芳香味
聚乙酸乙烯酯	不能	快,深黄色火焰,稍有黑烟	醋酸味
聚甲苯乙烯	不能	快,橙黄色火焰,冒黑浓烟	芳香味
聚酯	不能	较快,黄色火焰,黑烟	微带沥青味
醇酸树脂	不能	较快,火焰明亮,树脂分解	丙烯醛味
环氧树脂	有时自熄	慢,火焰黄色,黑烟	似酚类辛辣味
尼龙-66	不能	慢,火焰蓝色,尖端稍带黄色,烧时滴淌	毛发燃烧味
聚缩醛	不能	慢,火焰蓝色,无烟灰	微带甲醛味

常用橡胶材料燃烧特征如表 2 所示。

表 2　常用橡胶材料燃烧特征

聚合物材料种类	自熄情况	燃烧情况	气味
氯化橡胶	能	难燃,火焰黄色,边缘呈绿色	辛辣及盐酸味
硅橡胶	能	难燃,火焰黄色,烟灰白色,爆裂	焦臭味
氢氧化橡胶	能	火焰黄色	焦臭味
氯丁胶	慢慢自熄	易燃,橙黄色火焰,爆裂	氯气及焦臭味
丁苯胶	不能	易燃,深黄色火焰,爆裂	苯乙烯及焦臭味
丁基胶	不能	易燃,黄色火焰,黑烟,爆裂	焦臭味
硬橡皮	不能	易燃,橙黄色火焰,黑烟,不软化	焦臭味
天然橡胶	不能	易燃,深黄色火焰,黑烟,烧后发黏	焦臭味

常用纤维材料燃烧特征如表 3 所示。

表 3　常用纤维材料燃烧特征

聚合物材料种类	燃烧情况	气味	灰烬颜色和形状
涤纶	不易燃,烧时卷缩熔化,黄色火焰,黑烟	芳烃甜味	黑褐色脆性硬块
锦纶	慢,无烟或略有白烟,火焰小,蓝色	鲜芹菜味	浅褐色硬块
维纶	慢,烧时迅速收缩,火焰小,红色	微甜味	褐色脆性硬块
腈纶	慢,火焰白色,略有黑烟	鱼腥臭味	黑色脆性圆球
丙纶	烧时收缩,火焰底部蓝色,顶部黄色	似烧蜡味	脆性硬块
氯纶	难燃,烧时收缩,自熄,火焰黄绿色	酸和氯的气味	无规则黑色硬块
醋酸纤维	慢,火焰黄色	醋味	黑色脆性有光泽块状
棉	很快,黄色火焰及蓝烟	烧纸的气味	少,灰末细软,浅灰色
羊毛	烧时起泡,黄色火焰,底部蓝色	毛发烧焦臭味	多,黑色松脆块状
丝	慢,烧时收缩,黄色火焰,烟蓝色	毛发烧焦臭味	黑褐色脆性小球
黏胶纤维	快,黄色火焰	烧纸的气味	少,浅灰色

附录11 聚合物FTIR谱中典型基团特征频率的快速鉴别

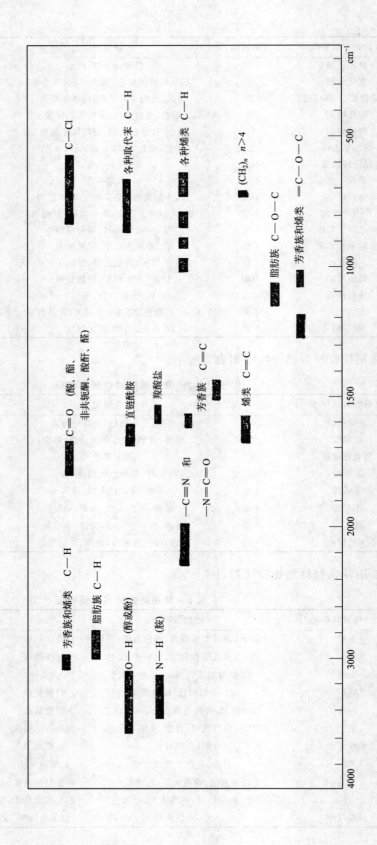

附录 12　聚合物¹H NMR 谱中主要基团化学位移的快速鉴别指南

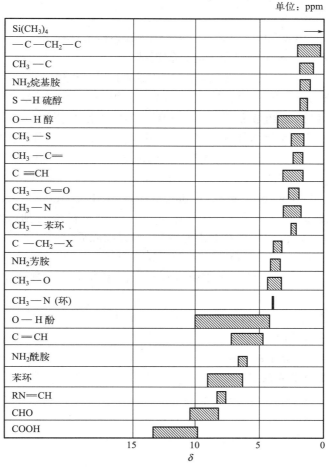

单位：ppm

上图是高分子¹H NMR 谱中主要基团化学位移的快速鉴别指南，定量的依据是吸收峰面积（或高度）与质子数成正比。

附录 13　常用化学化工、材料类测试标准的查询网站

1. 国家标准（GB）
全国标准信息公共服务平台
【地址】https：//std. samr. gov. cn/
国家标准全文公开系统
【地址】https：//openstd. samr. gov. cn/
国家标准化管理委员会
【地址】https：//www. sac. gov. cn/

2. 行业标准

行业标准信息服务平台

【地址】https：//hbba. sacinfo. org. cn/

食品安全　国家标准

【地址】http：//www. nhc. gov. cn/sps/spaqgjbz/spaq. shtml

安全生产（AQ）：中华人民共和国应急管理部

【地址】https：//www. mem. gov. cn/fw/flfgbz/bz/bzwb/

包装（BB）、船舶（CB）、核工业（EJ）、纺织（FZ）、航空（HB、HBJ）、化工（HG）、机械（JB，包括制药装备）、建材（JC）、轻工业（QB）、汽车（QC）、石油化工（SH，除石油一次加工产品及添加剂）、电子（SJ）、兵工民品（WJ，仅限民用爆炸品）、稀土（XB）、黑色冶金（YB）、通信（YD）、有色冶金（YS）：中华人民共和国工业和信息化部

【地址】https：//www. miit. gov. cn/datainfo/zysjk/bzgf/index. html

能源（NB，包括部分核标准）、石油化工（NB/SH，仅限石油一次加工产品及添加剂）、石油天然气（SY，包括海洋石油天然气）：国家能源局

【地址】http：//www. nea. gov. cn/ztzl/nybz/index. htm

计量检定规程（JJG）、计量检定规范（JJF）：国家计量技术规范全文公开系统（试运行）

【地址】http：//jjg. spc. org. cn/resmea/view/index

石油工业标准化信息网

【地址】http：//www. petrostd. com/

试验技术专业知识服务系统

【地址】http：//www. analysis. org. cn/

中国气体标准化网

【地址】http：//www. qbw. org. cn/

附录 14　常用谱图的查询网站

ChemExper 化学品目录 CDD（包括 MSDS、5000 张红外谱图）

【地址】http：//www. chemexper. com/

nmrdb. org（NMR 谱图数据库及 NMR 谱图预测）

【地址】http：//www. nmrdb. org/

BioMagResBank（BMRB）：多肽、蛋白质、核酸等的核磁共振数据存储库

【地址】http：//www. bmrb. io/

NIST Chemistry WebBook

【地址】http：//webbook. nist. gov/chemistry

上海有机化学所：化学数据库

【地址】http：//organchem. csdb. cn

EPA spectral database

【地址】http：//www. epa. gov/ttn/emc/ftir/data. html

美国标准与技术研究院 NIST 原子光谱数据库（ASD）

【地址】http：//physics. nist. gov/cgi-bin/AtData/main _ asd

小型光谱数据库下载 Optical Databases Download Page

【地址】http：//www. acdlabs. com/download/db/uv _ ir. html

Atomic Line List（原子吸收、发射性能数据）

【地址】http：//www. pa. uky. edu/～peter/atomic/

ECDYBASE（The Ecdysone Handbook）

【地址】http：//ecdybase. org/

应用化学数据库

【地址】http：//www. appchem. csdb. cn/

质谱：Mass Spectrometry Database，American Academy of Forensic Sciences

【地址】http：//www. ualberta. ca/～gjones/mslib. htm

Elemental Data Index（元素的物理数据）

【地址】http：//physics. nist. gov/PhysRefData/Elements/cover. html

附录 15　常用分析仪器对送检样品（聚合物）的要求

1. 核磁共振波谱仪

（1）送检样品应尽可能提纯，一般可通过溶解-沉淀反复多次的方法，做到无杂质。提供的样品量一般为：^{1}H 谱＞5～10mg，可定量；^{13}C 谱＞15～20mg，一般只能定性。

（2）对于 ^{1}H 谱，要求样品在氘代溶剂中有良好的溶解性能，自行预选并自备溶剂。聚合物常用的氘代溶剂有氯仿、丙酮、重水、THF、甲醇、DMSO、二氯苯、乙腈、吡啶、醋酸和三氟乙酸等。

2. 红外光谱仪

（1）样品要预先除水、除杂，防止对谱线的干扰。

（2）固体粉末制样常用卤化物压片法，即将溴化钾与样品按 100：1 的比例（样品约 1～2mg）压成厚度 0.5mm 的薄片。溴化钾必须干燥，且研磨很细。

（3）其他固体试样可采用薄膜法制样，膜的厚度为 10～30μm，要求厚薄均匀。常用的成膜法有 3 种：熔融成膜、热压成膜和溶液成膜。

（4）对于沸点高且黏度较大的液体样品，取样直接涂在 KBr 窗片上进行测试；对于黏度较小、流动性大的液体样品，可在液体池中测试。液体池是由两片 KBr 窗片和能产生一定厚度的垫片所组成。

3. 差示扫描量热仪

除气体外，固态、液态或黏稠状样品均可测定。测试前，需要保证在所检测的温度范围内不会分解或升华，也无挥发物产生。

样品量：每次一般需要 10mg 左右。送样时，请注明检测条件：是否需要消除热历史？以及检测温度范围，升、降温速率和恒温时间等。

装样原则是尽可能使样品均匀、密实分布在样品锅内，以提高传热效率、填充密度，减少试样与样品锅之间的热阻。较大样品最好剪或切成薄片或小粒，并尽量铺平。

聚合物样品一般使用铝样品锅，分成盖与锅两部分，卷边加压密封而成；液体与固体的盖与锅均不同。

4. 热重分析仪

样品量不少于 10mg。送样时，请注明检测温度范围，实验气氛（空气、氮气或氩气），升温速率以及气体流量（如有特殊要求）。

5. X 射线粉末衍射仪

送检样品可为粉末状、块状、薄膜及其他形状，厚度均匀，入射面要平整；内部微晶取向尽可能小。

具体需要样品量视仪器而定，一般粉末约 0.2g（因密度和衍射能力而不同）。

平板式，长宽 25～35mm，厚度由样品的 X 射线吸收系数和衍射角的扫描范围决定，聚合物一般为 0.5～1mm。薄膜需将若干层叠合；纤维需剪成粉末状，再填入一定大小的框子里，用玻璃片压成表面平整的"毡片"，连同框架插到样品台上；颗粒或粉末可用金刚砂纸研磨直至手接触无颗粒感，再填入框槽中，用玻璃轻压抹平。聚合物树脂可用压力机冷压制样。

6. 透射电子显微镜

由于受电镜高压限制，透射电子束一般只能穿透厚度为几十纳米以下的薄层样品。常用的制样方法可分为：支持膜法、复型法、晶体薄膜法、超薄切片法。

通常聚合物试样要求小且薄，最大尺寸不超过 1mm 左右。在常用的 50～100kV 加速电压下，样品厚度一般应小于 100nm，较厚的样品会产生严重的非弹性散射，因色差而影响图像质量。过薄的样品没有足够的衬度也不行。样品载在金属网上使用的，当样品比金属网眼还小时，必须有透明支持膜。

7. 场发射扫描电子显微镜

因为电镜是在真空中运行，所以只能直接测定固体样品，包括粉末、纤维和片材。对于样品中所含水分应事先除去，否则会引起样品爆裂并降低真空度；样品必须表面清洁，且具有一定的化学、物理稳定性，在真空中及电子束轰击下不会挥发或变形，但高分子材料往往不耐电子损伤，允许的观察时间较短（几分钟甚至几十秒钟），所以，观察时应避免在一个区域持续太久。

观察前，样品应先喷金膜。一般情况下，样品面积尽量小些（约 10mm×10mm×5mm 即可）。通常直接用双面胶贴在铝样品座上即可。黏结时，导电胶应延伸至覆盖样品表面的一部分，以使样品表面的电荷能迅速导走。

8. 原子力显微镜

样品小片，表面必须干净、尽可能平整。

9. 紫外-可见吸收光谱仪

紫外光谱的灵敏度、准确度较高，可以检测聚合物的共聚组成、微量物质（单体中的杂质、聚合物中的残留单体或少量添加剂等）和聚合反应动力学。

(1) 溶液样品的浓度必须适当，且清澈透明，不能有气泡或悬浮物质；

(2) 固体样品量＞0.2g，液体样品量＞2mL。

10. 光学显微镜和偏光显微镜

主要的制备方法有热压膜法、溶液浇铸制膜法、切片和打磨。

热塑性高分子的薄膜显微样品的制备方法　把少许聚合物放在载玻片上，盖上一块玻璃片，整个置于热台上，加热至聚合物可以流动。用事先预热的砝码或用镊子轻轻压，使熔体展开成膜，然后冷却至室温。注意防止聚合物降解等反应发生。

11. 动态热机械分析

一般对容易成型的聚合物样品，如橡胶、塑料、纤维等固体样品，常采用强迫非共振法测量，具体形变模式有拉伸、三点弯曲、压缩、单（双）悬臂梁和剪切等。对不易成型的聚合物熔体或黏性溶液等常采用扭辫仪，样品可浸渍在扭辫仪的辫子上。

根据实验的目的、试样的物化性质选择合适的、正确的形变模式；样品的形状、大小、尺寸由具体的仪器确定。样品的材质要求均匀、无气泡、无杂质、加工平整等。

参 考 文 献

[1] 潘祖仁 . 高分子化学 [M] . 5 版 . 北京：化学工业出版社，2011.

[2] 杜奕 . 高分子化学实验与技术 [M] . 北京：清华大学出版社，2008

[3] 尹奋平，乌兰 . 高分子化学实验 [M] . 北京：化学工业出版社，2015.

[4] 何卫东，金邦坤 . 高分子化学实验 [M] . 合肥：中国科学技术大学出版社，2021.

[5] 张晓云，曲建波 . 高分子化学实验 [M] . 北京：中国石化出版社，2020.

[6] 阮文红，杨立群，章明秋，等 . 高分子结构与性能的现代测试技术 [M] . 北京：化学工业出版社，2023.

[7] 柴春，李国平 . 高分子合成材料学 [M] . 北京：北京理工大学出版社，2019.

[8] 支俊格，叶彦春，龙海涛 . 高分子化学与物理实验 [M] . 北京：北京理工大学出版社，2019.

[9] 何曼君，张红东，陈维孝，等 . 高分子物理 [M] . 3 版 . 上海：复旦大学出版社，2007.

[10] 何平笙 . 新编高聚物的结构与性能 [M] . 北京：科学出版社，2021

[11] 田月兰 . 高分子科学综合实验教程 [M] . 北京：化学工业出版社，2019.

[12] 尹伟 . 材料分析测试实验 [M] . 北京：化学工业出版社，2020.

[13] 朱江，倪海涛，曾建兵 . 高分子物理实验 [M] . 成都：西南交通大学出版社，2019.

[14] 程能林 . 溶剂手册 [M] . 5 版 . 北京：化学工业出版社，2021.

[15] 胡扬剑，舒友，罗琼林 . 高分子材料与加工实验教程 [M] . 成都：西南交通大学出版社，2019.

[16] 蒲侠，陈金伟，张桂云，等 . 高分子材料加工工程实验指导 [M] . 北京：中国石化出版社，2020.

[17] 严伟 . 高分子材料成型加工及性能表征实验 [M] . 贵阳：贵州大学出版社，2020.

[18] 杨昌跃，李晓瑜 . 高分子材料制备工程实验 [M] . 成都：四川大学出版社，2020.

[19] 闫毅 . 高分子材料合成创新实验 [M] . 西安：西北工业大学出版社，2019.

[20] 刘益军 . 聚氨酯树脂及其应用 [M] . 北京：化学工业出版社，2020.

[21] 何元金，马兴坤 . 近代物理实验 [M] . 北京：清华大学出版社，2003，138-157.

[22] 左榘，韩家显 . 激光散射原理及在高分子科学中的应用 [M] . 郑州：河南科学技术出版社，2004.

[23] 裘祖文，裴奉奎 . 核磁共振波谱 [M] . 北京：科学出版社，1989.

[24] 高家武 . 高分子材料近代测试技术 [M] . 北京：北京航空航天大学出版社，1994.

[25] 刘振海，张洪林 . 分析化学手册 . 8 . 热分析与量热学 [M] . 3 版 . 北京：化学工业出版社，2016.

[26] 丁延伟 . 热分析基础 [M] . 北京：中国科技大学出版社，2020.

[27] 张留成，瞿雄伟，丁会利 . 高分子材料基础 [M] . 3 版 . 北京：化学工业出版社，2018.

[28] 周持兴 . 聚合物流变实验与应用 [M] . 上海：上海交通大学出版社，2003.

[29] 史铁钧，吴德峰 . 高分子流变学基础 [M] . 北京：化学工业出版社，2009.

[30] 施良和 . 凝胶色谱法 [M] . 北京：科学出版社，1980.

[31] 郑昌仁 . 高聚物分子量及其分布 [M] . 北京：科学出版社，1986.

[32] 成跃祖 . 凝胶渗透色谱法的进展及其应用 [M] . 北京：中国石化出版社，1993.

[33] 欧国荣，张德震 . 高分子科学与工程实验 [M] . 上海：华东理工大学出版社，1997.

[34] 贺金娴 . 密度梯度柱法测定高聚物的密度 [J] . 塑料工业，1981 (06)：32-35＋19.

[35] 冯之榴，胡毓珆 . 密度梯度管及其对高分子化合物的应用 [J] . 高分子通讯，1958 (02)：114-121.

[36] 何美玉，何江涛 . MALDI-TOF MS 分析研究合成高分子的综述 [J] . 质谱学报，2002 (01)：43-55.

[37] 韩磊，简嫩梅，徐涛 . 小角激光散射法研究 α 成核剂对 PP 性能的影响 [J] . 塑料，2014，43，13-14.

[38] 过梅丽 . 世界先进的动态机械热分析仪（DMTA）及其应用 [J] . 现代科学仪器，1996，(04)：57-59.

[39] 台会文，夏颖 . 动态机械分析在高分子材料中的应用 [J] . 塑料科技，1998 (01)：57-60＋19.

[40] 邓友娥，章文贡 . 动态机械热分析技术在高聚物性能研究中的应用 [J] . 实验室研究与探索，2002 (01)：38-39＋62.

[41] 王雁冰，黄志雄，张联盟 . DMA 在高分子材料研究中的应用 [J] . 国外建材科技，2004 (02)：25-27.

[42] 刘晓 . 动态热力学分析在高分子材料中的应用 [J] . 工程塑料应用，2010，38 (07)：84-86.

[43] Stein R S . 散射和双折射方法在聚合物织构研究中的应用 [M] . 徐懋，等译 . 北京：科学出版社，1983.

[44] Stein R S, Rhodes M B. Photographic light scattering by polyethylene films [J] . Journal of Applied Physics, 1960, 31 (11)：1873-1884.

［45］ Zhang J，Lu Z，Sun Z. Self-assembly structures of amphiphilic multiblock copolymer in dilute solution［J］，Soft Matter，2013，9（6）：1947-1954.

［46］ Bates F S，Fredrickson G H. Block copolymers-designer soft materials［J］. Physics Today，1999，52（2）：32-38.

［47］ Leibler L. Theory of microphase separation in block copolymers［J］. Macromolecules，1980，13（6）：1602-1617.

［48］ Matsen M W，Bates F S. Unifying weak- and strong-segregation block copolymer theories［J］. Macromolecules，1996，29（4）：1091-1098.

［49］ Khandpur A K，Foerster S，Bates F S，et al. Polyisoprene-polystyrene diblock copolymer phase diagram near the order-disorder transition［J］. Macromolecules，1995，28（26）：8796-8806.

［50］ He Y，Qian H，Lu Z，et al. Polymer translocation through a nanopore in mesoscopic simulations，polymer ［J］.2007，48（12）：3601-3606.

［51］ Huang J，Li X. Self-assembly of double hydrophilic block copolymer-nanoparticle mixtures within nanotubes ［J］. Soft Matter，2012，8（21）：5881-5887.

［52］ ASTM D638-22 Standard test method for tensile properties of plastics［S］.2022.

［53］ ASTM D412-16 Standard test methods for vulcanized rubber and thermoplastic elastomers-tension［S］.2021.